T台上炫舞的蝴蝶

王彦哲◎著

模特

中国出版集团
现代出版社

图书在版编目(CIP)数据

T 台上炫舞的蝴蝶 / 王彦哲著.——北京：现代出版社，2013.1（2024.12重印）

（我的未来不是梦）

ISBN 978-7-5143-1063-4

Ⅰ.①T… Ⅱ.①王… Ⅲ.①模特儿－职业－青年读物②模特儿－职业－少年读物 Ⅳ. ①TS942.5-49②F713.8-49

中国版本图书馆 CIP 数据核字(2012)第 292929 号

我的未来不是梦—T 台上炫舞的蝴蝶（模特）

作　　者　王彦哲
责任编辑　刘春荣
出版发行　现代出版社
地　　址　北京市朝阳区安外安华里 504 号
邮政编码　100011
电　　话　(010) 64267325
传　　真　(010) 64245264
电子邮箱　xiandai@cnpitc.com.cn
网　　址　www.modernpress.com.cn
印　　刷　唐山富达印务有限公司
开　　本　700×1000　1/16
印　　张　12
版　　次　2013 年 1 月第 1 版第 1 次印刷　2024 年 12 月第 4 次印刷
书　　号　ISBN 978-7-5143-1063-4
定　　价　47.00 元

序 言

这套以“我的未来不是梦”命名的丛书，经过众多编者的数年努力，终于以这样的形式问世了。

此时，恰值党的“十八大”刚刚胜利闭幕，选举出了以习近平同志为首的党中央领导集体。“十八大”报告中对教育领域提出：“坚持教育为社会主义现代化建设服务、为人民服务，把立德树人作为教育的根本任务，培养德智体美全面发展的社会主义建设者和接班人。”这使我们编者更感此套丛书生即逢时，契合新时期新要求，意义重大。

我们编写的这套《我的未来不是梦》系列丛书，精选了古往今来的一些重要职业，尤以当下热点职业为重。而“梦想的实现”则是本套丛书的核心。整套书立意深远，观点新颖，切合实际，着眼实用，是不可多得的青少年优质读物。

我们深信，这套丛书必将伴随小读者们的生活与学习，而促进他们德智体美全面健康的成长。更使他们对未来充满信心，驾驭着新知识和新科技，驶入海洋，飞向蓝天，去实现最美好的梦想！

目录 CONTENTS

第四章 适时转身

第五章 等待和发现生活的转角

第六章 等待与把握机会

第七章 风雨之后见彩虹

CONTENTS

第一章

魅力光影

导读

时尚是个包罗万象的概念，它的触角深入生活的方方面面，人们一直对它争论不休。不过一般来说，时尚带给人的是一种愉悦的心情和优雅、纯粹、品味与不凡感受，赋予人们不同的气质和神韵，能体现不凡的生活品位，精致、展露个性。同时我们也意识到，人类对时尚的追求，促进了人类生活更加美好，无论是精神的或是物质的。

在生活中每个人都有自己的时尚。而模特无疑是多种时尚元素中举足轻重的一个。

模特的由来

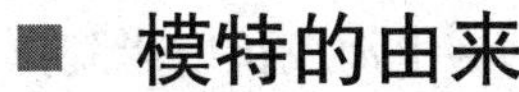

先前，人们称穿上时装的人体模型为“时装模特”。真正的人体时装模特的发明者是英国时装设计大师沃恩。

意大利的米兰是世界的时装之都，每年时装展览会都会吸引大批的游客。除了时装外，意大利也是盛产国际名模的地方。时装模特发展到了今天，经历了漫长的时期。

1573 年，意大利修道士圣・马乐尔柯用木料和粘土制作了一个类似玩偶的人体模型，并用零碎的麻布加以装饰。这种早期的人体模型很快传入法国。后来，巴黎的一位女裁缝利用这种人体模型，向顾客展示新式服装，收到了意想不到的效果；其他女裁缝争相仿效。当时，人们称这种穿上时装的人体模型为“时装模特”，真正的人体时装模特的发明者是英国时装设计大师沃恩，据说，他 20 岁时来到法国巴黎，在一个服装店当销售员。146 年，他为推销一种披肩服装，让店里漂亮的小姐玛丽・韦尔纳穿上招待顾客，结果取得成功。玛丽后来成为他的妻子。从 1851 年起，他为玛丽设计了很多服装，因而赢得了大量顾客。之后在巴黎又以“沃恩”为名开了一家自己的服装店，并雇了几个年轻女子专做招待顾客的工作；服装生意相当兴隆，使得许多服装商纷纷效仿。于是，女模特便很快在法国大批量出现，并迅速遍及欧洲。这就是时装模特的由来！

1979 年，国际时装大师皮尔・卡丹先生率领法国模特，在北京民族文化宫举行时装表演，“时装模特”的概念首次被引入中国。

1980年，中国第一支时装表演队——上海时装表演队成立；“时装模特”在中国诞生。

1989年，上海举行了“中国迅达杯时装模特大赛”。这是中国历史上第一次模特比赛。

1996年，纺织总会和劳动部联合颁发《时装模特职业技能标准》（试行），服装模特成为国家正式承认的一种职业。

1981年2月9日晚7:30分，中国首场时装表演在上海友谊电影院拉开序幕。这一天，发生在舞台后面的一件事，颇能说明当时的社会环境和观念。女模特的父母听说女儿要穿一件肩膀裸露在外的晚礼服参加表演，立刻赶到现场说：“这种袒胸露背的衣服我们女儿不能穿。”登台时间临近了，领导只好尊重家长意见，让模特披上一条长长的飘带，以便在背对观众时可以部分的遮住后肩。

■ 模特的条件要求

传统模特:主要指担任展示艺术、广告等媒体展示人物,同时也是各类商家为促进销售,利用模特给产品代言试穿等形式带来更多曝光的主要载体。这类模特一般是时尚达人、艺术达人等。如今巴西是世界上拥有国际名模最多的国家。

新模特——麻豆,也称网络模特、网店模特、网络麻豆,主要是给电子商务的网商做产品推广营销的展示载体。这个词汇也是网商特别的称号!该类模特有很大部分是学生兼职,所以身材等各方面的要求比传统模特的要低,商家主要看产品风格和模特风格是否合理。

发展至今,作为一位优秀的模特,不仅要具备较好的生理条件、文化基础,还要对服装设计、制作与面料、配件以及音乐、舞台灯光等具有一定的领悟能力。模特的工作场所在T型台上,若要在台上取得成功,就必须在台下进行各种与之相关的素质的培养。所以一代服装设计大师迪奥将时装模特称之为“服装演员”。 要具有良好的身材和相貌,再加上优秀的个人气质、文化基础、人格素养、服装展示能力等内在素质,这样才能成为一个成功的模特。所以,作为一名模特,她应具备各方面的综合素质。总结起来,有体型、相貌、气质、文化基础、职业感觉、展示能力等几方面的条件。

身高,是模特所具备的最基本的条件。和谐的身体比例是模特重要的生理基础,对于人体形式美的体现者模特来说,在评判他们的体形是否和谐时,我们可以以“黄金分割律”来作为参考。对于模特的身材比例,我们

可以从以下几个方面加以分析：

1. 上下身比例——对模特的要求是下身长于上身。

2. 大小腿比例——小腿与大腿比例接近相等或略长于大腿。

3.头身比例——身长为头长的七头半是达芬奇拟的黄金比例，所以现模特比例最好在七头半至九头身为最好，较小的头颅会使身材显得更灵巧。

4.三围——女模的三围比大约是 85:60:85，有 5 厘米的空间弹性。

相貌，虽然不像身材那么突出，但也是十分重要的形象因素。对于模特而言，理想的头型是椭圆型，脸型不宜宽，可以稍长一些。时装模特的相貌标准不单纯是看漂亮不漂亮，主要是看有没有立体感或有没有个性特点。行家在挑选模特的时候不是单纯看长相，还要琢磨其妆后产生的效果，同时根据言谈举止和相貌特征观察其个性是否能够胜任模特工作。五官端正是最起码的要求，不用十分漂亮，只要有个性，照样可以脱颖而出。一个优秀的模特往往是具有与众不同的气质的。它包括人的姿势、表情、神态、言谈举止等方面，作为一名模特，仅有良好的身材和五官是远远不够的，只有具备了良好的气质，才能烘托出美妙的时装。所以，对于模特来说，时时注意自己的内在修养和外表仪态是十分重要的。

模特的职业感觉，一般包括服装感觉和舞台感觉。所谓服装感觉就是对服装的一种直觉判断，即能熟悉服装潮流；懂得哪种款式适合哪种形体和气质的人；精通自己形象的个性要求。通俗来说，就是凭着自己的直觉能摸索到最 in 的潮流，并依据潮流信息进行穿着打扮。

我们经常看到，一些相貌长得不错的人一上了舞台，一点神韵都没有，这就跟舞台感觉有关。我觉得舞台感觉是跟个人的天分有关的，但后天的培养也是很重要的。我们经常看到一些超级名模，她们在进行时装表演时往往是进入了一种得心应手、旁若无人的境界，一举一动都能把时装的美妙之处表现得淋漓尽致，她们的这种舞台感觉往往能将表演艺术带进巅峰状态。

作为模特不只要求外表出众，文化修养也很重要。一个有文化基础的

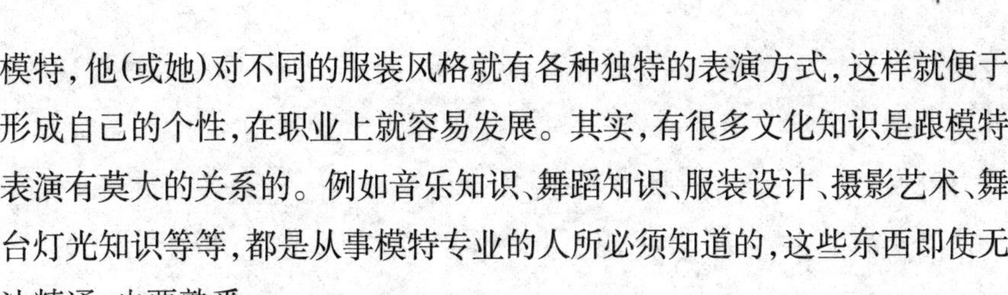

模特，他(或她)对不同的服装风格就有各种独特的表演方式，这样就便于形成自己的个性，在职业上就容易发展。其实，有很多文化知识是跟模特表演有莫大的关系的。例如音乐知识、舞蹈知识、服装设计、摄影艺术、舞台灯光知识等等，都是从事模特专业的人所必须知道的，这些东西即使无法精通，也要熟悉。

展示能力，包括舞台表演技巧和展示服装能力两方面。无论哪一种模特她们应具备在T型台上的走台技巧，即要会走猫步。舞台表演技巧一般都是经过专业训练培养出来的。时装表演一般要求模特能理解设计师的设计意图以及编导安排音乐、走台方式的目的所在。这些要求的内容就是模特所必需具备的展示服装能力。

■ 模特的种类和作用

模特儿是由英语的“Model”音译而来，主要是指担任展示艺术、时尚产品、广告等媒体展示的人。模特儿也指从事这类工作人的职业。

1.影视模特

这些模特经常地出现在电视广告片中，导演利用他们漂亮的外形来提高视听质量，以此来扩大商品的影响。例如化妆品广告、手表广告、服装广告等。有时他们也出现在非赢利的专题片中，例如在风光欣赏片中，模特人体的自然美可以与景物互相映衬，提高视觉上美的享受。

2.服装模特

先说女装模特

她们是服装表演职业的主体。我们经常看到的时装表演，一般以女装模特为主。根据所需表演服装等级的不同，可以分为高级女装模特、普通女装模特。高级女装模特的外貌要么是极为标准，要么是极为有个性，而且她们的身材是绝对一流的，即所谓的“魔鬼的身材，天使的面孔”。而普通女装模特的外貌不像高级模特那样典型和有个性，但至少要接近标准，即给人的直接视觉感受应是：头要小；颈细而长；肩要平；胸不能太挺；臀要窄，臀肉不能下坠；腿的线条要流畅；脚不能太宽厚。

再说男装模特

男装模特一般来说是比较少的，一般的时装表演是很少出现他们的身影的。

男性模特的身高一般在1.80~1.90cm之间，他们的身体必须强健但不能过分粗壮，给人的感觉是俊美的，且有些深沉，显示出一种积极向上的精神力量；或给人以崇高的感觉，粗壮但不过分粗蛮。

3. 走台模特

走台模特是最普遍、最为人们所常见的一种。在需要时装表演的场合，就必须有走台模特的出现。人们在说起模特时，首先联想到的通常都是走台模特。

4. 印刷品模特

这些模特经常出现在书刊封面、报刊彩页、商品海报、挂历等上面。她们的玉照常常为读物带来更多的欣赏者。

5.商业模特

这种模特主要是参加礼仪性的工作，如展览会、运动会、文艺晚会中的引导，剪彩、发奖时的辅助人员等。

6.摄影模特

时装杂志、报纸与电视、电影以及现在流行的互联网广告，在报道各种流行趋势、宣传公司品牌服装时必然会使用时装模特。在拍摄时装照片时，有时会请一些著名的走台模特来客串，以此扩大宣传效应。但在模特届中存在着一些专门从事摄影室内工作的模特。

7.试衣模特

试衣模特与以上两种模特相比有很大的不同，她们不在观众面前出现，仅仅为设计师或服装公司试穿衣服。对她们而言，身材与五官要求格外严格。只有具有了标准的体型，设计师们才能根据她们的体型作出各种型号的服装，满足市场的需要。

8.特种模特

特种模特，顾名思义就是为迎合特殊需要而产生的模特。根据服装客户所提出的要求，可以分为高身材模特、矮身材模特、老年模特、少年模特、儿童模特、名人模特、手模特、腿模特、足模特、头部模特、人体模特等。

如果用三个首先跃入脑海的词语来形容你对模特的印象，你会想到哪

些？五官立体、目光犀利、身材魔魅、容颜绝艳、气质超凡……她们是T台精灵。在舞台上，华装里、音乐中、灯光下，她们光芒耀目，夺人心魄。模特诠释着时装，时装推动着时尚，无论是制作考究，华奢豪逸，也无论是简约大气，名牌精品，风格迥异的时装在模特的身上，主题与魅力被演绎得淋漓尽致。

时尚，这光彩炫目的潮流，模特身在其中，成为“弄潮儿”。

她们迈着专业的“猫步”，表情冷漠，目光魔幻，款步而来。她们的魅力有如直线移动的气流，将人的意识裹挟其中。转身，定位，将展示品的韵味拿捏得妥帖精准，将品牌精髓诠释成绝唱。

行内人士用体型、相貌、气质、文化基础、职业感觉、展示能力等方面条件衡量一个模特的水准，而大多数人关注的只是模特的外表和她们光鲜的如神话一样的生活表面。人人都在期待一只水晶鞋。事实上，没有不投入的产出，没有不付出的回报。哪一个人的人生不是披荆斩棘、趟着泥泞走来的呢？

现在就让我们走近模特，透过她们身上的光环，去发现盛装下，光影外，那来自灵魂的魅力。

第二章

苦难是甄别剂

沙漠之花 华莉丝

导读

没有一帆风顺的人生,也没有人能够掌控自己命运的天空只晴不阴。人在苦难中,会有各种各样的承受姿态。一个人承受福祸得失的态度和限度决定了他的命运航线。智者会从苦难中提炼珍宝,历尽坎坷仍然热爱生命,在苦难中锤炼成材。苦难是甄别剂,漂涤出弱者弱,强者强,智者智,愚者愚。

在苦难中寻求改变

黄沙呜呜，荒漠无边，一朵小花摇绽风中；牧羊的黑人小女孩，新出生的小羊……这是影片《沙漠之花》的片头。那小女孩就是主人公华莉丝·迪里。电影根据出生在索马里的黑人模特华莉丝·迪里的自传畅销书改编。华莉丝从索马里沙漠中走出到成为世界顶级名模，是一个挑战命运和反抗压迫的斗士，她生命中所体现的那种非凡勇气激励着我们每一个人去面对意想不到的困境。

华莉丝出身于索马利亚沙漠上的牧民部落。妇女可说是非洲的中坚。她们肩负大部分的工作，但对任何事情都无决定权，也无发言权，有时甚至无权择偶。

母亲为她取名华莉丝，意即"沙漠之花"。在她的故乡，有时一连数月不下雨，只有很少生物能幸免于死，但等到终于再降甘霖，转眼间便到处出现橘黄色的小花，那是大自然的奇迹。

这个不知道自己实际年龄的小姑娘，很小的时候就手持长棒，吆喝着羊群去沙漠吃草，同时要时刻提防土狼和狮子的袭击。生活受季节和太阳支配，哪里有雨水就到哪里去，每天都根据日照时间的长短来安排种种活动。家是帐棚式的圆顶小屋，用草条编成，以树枝做骨架，直径大约两米。要迁移时就把小屋拆散，绑在骆驼背上，等找到有水有草的地方再搭起来，过着游牧生活。

然而，就是这样一个小姑娘，一朵沙漠角落里的稚嫩的小花，却在十几

年后华丽转身，成为模特界一颗璀璨夺目的黑珍珠。她穿越沙漠，挑战现实，那个指引她改变命运的，就是对现状的不满，如她母亲对她说的那句话："孩子，走吧，现在就走吧。"

华莉丝的游牧文化中，未婚妇女是没有地位的，因此凡是做母亲的都把嫁女儿视为重责大任。索马利亚人传统的思想认为女子两腿的中间有些坏东西，妇女应该把这些东西(阴蒂、小阴唇和大部分大阴唇)割去，然后把伤口缝起来，让整个阴部只留下一倒小孔和一道疤。妇女如不这样封锁阴部，就会被视为肮脏、淫荡，不宜迎娶。

华莉丝5岁的时候，母亲带着她，在一片小树林里，由一个吉普赛女人"操刀"为她进行了割礼。华莉丝在她的自传体小说里有这样一段文字：请吉普赛女人行这种割礼要付不少钱，索马利亚人却认为很划算，因为少女不行割礼就上不了婚姻市场。割礼的细节是绝不会给女孩说明的，女孩只知道一旦月经来了就有件恃别的事情将要发生。以前女孩总是进了青春期才举行割礼，如今行割礼的年龄越来越小了。我5岁那年，有一天晚上母亲对我说："你父亲遇上那吉普赛女人了，她应该这几天就来。"

接受割礼的前夕，我紧张得睡不着，后来突然见到母亲站在我面前，以手势叫我起来。这时天空还是漆黑一片，我抓住小毯子，睡眼惺忪、晃晃悠悠地跟着她走，进了小树林。

"我们就在这里等。"母亲说。我们在地上坐下。不久，天渐渐亮了，我听到那吉普赛女人凉鞋的咯咯声，转眼间就看见她已来到我身旁。

"过去坐在那里！"她伸手朝一块平顶石头指了指。

母亲把我安置在石上，然后她自已到我后面坐下，拉我的头去贴住她的胸口，两腿伸前把我拑住。我双臂抱住母亲双腿，她把一段老树根塞在我两排牙齿中间。

"咬住这个。"

然后母亲给我绑上蒙眼布，我什么都看不见了。

到我醒来……转头望向石头，只见石头上有一大滩血，还有一块块从我身上割下来的肉，给太阳晒得就要干了。

我躺在小屋里度日如年,更因伤口感染而发高烧,常常神志模糊。

我因双腿给绑看,什么都不能做,只能思索。为什么?这是为了什么?我那时年纪小,不知道男女之事,只知道母亲让我任人宰割。其实,我虽挨切肉之痛,还算是幸运的。许多女孩挨割之后就流血不止、休克、感染或得了破伤风,因而丧生。

13 岁的时候,父亲领来了一个拄着拐杖,60 多岁的老头子,告诉华莉丝他将是华莉丝的丈夫,而聘礼是五头骆驼。华莉丝想象着未来的日子,最好的年华要和一个连行动都费劲的老头子度过,并且要独自承担所有劳作,更可能要拉扯 4、5 个娃娃。她的心里有了一个清晰的念头:我不要这样的生活,我要逃!

她悄悄的和母亲说出了自己的想法。而母亲却止住了她的话,在母亲看来,这是绝对不可行的。一晚,在家人睡去后,母亲俯身到她身边,柔声贴耳对她说:“现在走吧。乘他还没醒,现在就走吧。”

就这样,小华莉丝披上围巾,光着脚奔进了漆黑一片的沙漠。她是打算去首都摩加迪沙找姨妈的,但从未去过那地方,根本不知道它在东南还是西北,只是径直往前跑,前路茫茫。饥恶、炎热、干渴、劳累、对父亲追赶来的恐惧,这一切陪伴着小小的她,她甚至在午睡时遇到了一头狮子。“中午我会坐在树下睡一阵子。有一次午睡时,给一种轻微声音惊醒了,我睁开眼,一张狮子脸赫然在目。我望看那张脸,想站起来,却因几天没吃东西,两腿发软,“噗通”一声又倒了下来,只好再靠在树上。横越沙漠的长途旅程看来要中止了,但我无所畏惧,视死如归。狮子瞪着我,我也瞪着它。它舐了舐嘴唇,在我面前轻松优雅地踱起步来。最后,它一定是认为我没什么肉,不值得一吃,竟然转身离去了。我知道,那狮子不吃我,是因为上天另有安排,要让我活下去。是什么安排呢?

数周后,华莉丝终于到达摩加迪沙。投靠姨妈莎露,在姨妈家里帮忙做家务。

后来她又在工地做了一阵子建筑工,搬运沙泥。一天,索马利亚驻伦敦大使穆罕默德查马法拉来访。他是华莉丝另一个姨妈马鲁伊的丈夫。

当时华莉丝正在隔壁房间拂拭灰尘，无意中听到法拉姨丈说要去伦敦做四年大使，想在出国之前找到一个女佣。华莉丝恳求姨妈帮忙，说服了大使，去了伦敦。

在伦敦，华莉丝日复一日，如法炮制，从早餐后开始清理厨房，收拾姨妈的房间和浴室。然后给每一个房间除尘、刷洗地板再擦亮，从一楼到四楼全部打扫干净。不停的干活，每天都到半夜才睡，从无休假。这样的日子持续到华莉丝16岁，一张卡片，给她的生活开了另外一扇门。送表妹上学的时候，一个扎着马尾辫的男人对她说了一些她当时还不懂的英文，并给了她一张名片。这让华莉丝感到莫名其妙，她把名片揣进兜里，迅速跑开了。

那个扎马尾辫的男人就是著名摄影师迈克戈斯。

后来任大使的姨夫任期结束，举家迁回。华莉丝不想重回索马利亚，她几经争取，留了下来。最初，留下来的日子让她倍感茫然，但想着那片被她抛在身后的沙漠，她知道她必须前行。她遇到了一个女孩，在女孩的帮助下找到了一份在麦当劳打工的工作，她们成了朋友。当她和女孩提起曾经收到的名片时，女孩看到了摄影师的名字，并建议华莉丝去尝试一下。

华莉丝推开了摄影师迈克戈斯工作室的门，顿时跌入了一个让她目眩神迷的世界。那一张张惊人眼眸的海报，让人眼花缭乱的美女，让华莉丝惊疑自己身在何处。摄影师对目瞪口呆的华莉丝说："你的侧面美极了！"

大大小小的瓶子，五颜六色的盒子，长长短短的刷子，稀稀稠稠的乳液，化妆师像个魔法师，华莉丝变得皮肤细腻光滑，轮廓清晰如雕，她光彩照人。灯光、镜头，吩咐动作的摄影师，这一切让华莉丝如坠梦境……当闪光灯闪亮刹那，咔嚓一声，华莉丝觉得自己已经今非昔比，脱胎换骨了。

实确如此，放羊女，黑女佣，快餐工，这些身份都被她的照片覆盖掉了。显现在相片上的娇艳容颜，从此走进了模特界，并迅速成名。先在巴黎和米兰工作，后来转去纽约。她成为露华浓公司新香水艾姬的代言人，那广告说："来自非洲心脏的芳香，每个女人都为之倾倒。"

新生活给了华莉丝名利和优越的生活，而昔日的伤痛却让她每日都深陷痛苦。

割礼后的她,每次的排尿都是折磨,一滴、一滴、一滴,尿液要用上十分钟才能够从身体上残割过又缝合的小孔内排出。每个月有三分之一的时间,华莉丝要经受经期的苦痛,无法站立,无法言喻。

苦不堪言的华莉丝决定进行治疗。在医院里,她遇到了一个为她和医生沟通的索马里男子。那个男人没有翻译医生劝她尽快做手术的话,而是质问她这样做是否考虑到了家人,考虑到了种族传统?深虑过后,华莉丝选择在一年后做了手术治疗。在医生那儿,华莉丝得知不只她一个人有这种问题。常有妇女因为这种问题来求诊,大部分来自苏丹、埃及、索马利亚。其中有些是孕妇,因为担心不能生产,未经丈夫同意前来救治。

手术后的华莉丝,身心愉悦,生活和事业都很顺利,她遇到了所爱的人,结婚生子。1997年,她成为母亲,儿子的降生让她对生命有了更深的感悟。面对自己,面对曾经,想着和自己一样遭遇割礼的无数女子,有的甚至因此失去了生命,她知道,正是残忍的陋习摧残着千万女性的身体和生命。索马利亚妇女的耐力是多么惊人。想到家乡灌丛里的女孩,尽管月经来的时候痛得几乎无法站起来,却仍然要把山羊赶到几公里外的地方去饮水;想到妇女怀孕九个月仍然要去沙漠为孩子寻找食物;想到做妻子的刚分娩就得用针线把阴部缝起来,好让丈夫日后仍可享用到紧窄的阴道;想到阴部缝紧的新娘的初夜,以及后来生第一个婴儿时的情景;孕妇独自进沙漠去生产,其间会不会出什么事?

有什么,比生命更重要!

她觉得自己必须做点什么。这个时候的华莉丝,似乎知道了为什么自己会挨过酷热、饥饿、恐惧走出沙漠,她来自游牧民族,注定要为那些已经和将要遭受割礼摧残的姐妹们代言。

在接受时装杂志玛利嘉儿(Marie Claire)的撰稿人劳拉齐夫采访时,华莉丝没有讲述灰姑娘变身的华丽童话,而是揭开了自己身上的割礼之痛。当这个最私人的秘密说出的那一刻,撰稿人失声痛哭,她无法相信自己的耳朵,世界上竟然有如此阴暗的角落、残忍的行为。专访发表之后,反响强

烈，杂志编辑部收到无数来信。华莉丝接受更多的访问，并且去学校、社区组织和一切能去的地方演讲，一有机会就谈论这个议题。

1997年，联合国人口基金邀请华莉丝参与他们的反女性割礼运动。世界卫生组织汇集了一些骇人听闻的数据，助人了解此问题。割礼主要流行于非洲，28个国家有此习俗。美国和欧洲的非洲裔移民当中，据报也有女孩和妇女曾行割礼。全世界有一亿三千万女孩和妇女遭此厄运；每年至少有二百万女孩可能成为下一批受害者，即每天六千人。手术通常由村妇用刀、剪刀、甚或锐利的石片在原始的环境中施行，不用麻醉剂。手术致残程度最轻的是割去阴蒂，最重的是封锁阴部(百分之八十的索马利妇女曾如此受害)，以致终生无法享受性爱的乐趣。

华莉丝获联合国人口基金邀请担任特使，参与该基金的运动，讲述自己的遭遇，声讨这种罪行。

“我只祈求有朝一日再也没有妇女要受这种罪，但愿割礼成为历史。这就是我奋斗的目标。从上天当年保祐我狮口余生那一刻起，我就感到上天对我另有安排，要让我活下来做某件事。我的信念告诉我，上天有工作要我去做，有使命给我。”华莉丝如是说。

华莉丝从沙漠走上世界T台，由角落里的无名小花成为坚强的斗士，华丽转身。那张黑色的美丽的脸真诚、善良，自然、勇敢。

在电视里看到了一个和华莉丝一样超越苦难的男孩。

三个孩子玩捉迷藏，其中一个孩子想翻越一面低矮的土砌墙，藏到墙里的破房子里，他翻倒到墙上，昏了过去。这个男孩10岁，他触到了裸露出来的高压线，那个房子是一间简陋的配电室。醒来，他彻底失去了双臂。

2010年的达人秀现场，他空着袖管，走上舞台，端坐在钢琴前，双脚从鞋子里抽出，大家都知道他将要用这双脚演奏。屏息中，一首《梦中的婚礼》流淌在整个现场，演奏完毕，观众起立为他鼓掌。

当评委问他是怎么做到这一切的，他说出了那句撼动人心广为流传的话：“我觉得我的人生中只有两条路，要么赶紧死，要么精彩地活着。”

他，是刘伟，2010达人秀总冠军，那个10岁时触电失去双臂的男孩。

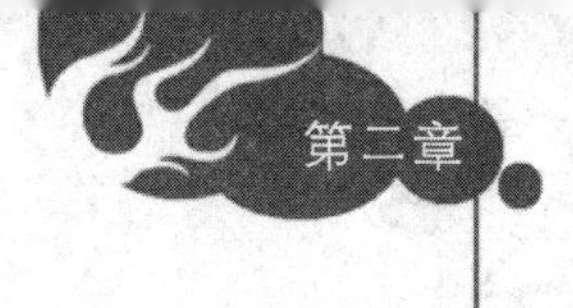

惊讶、喝彩、探究、钦佩，一涌而至。

接受媒体采访时，刘伟说："我从来没有把自己当成什么特殊群体。我觉得我跟别人没有任何不一样。我只觉得你们用手做的事情我用脚做，只是换了一种方式而已，没有不一样。"

这几句话，好像轻松擦抹了他为梦想所付出的所有泪与汗水。事实上，刘伟从失臂到今天的所有，梦想之路铺设着几多艰辛是难以想象的。

当他醒来，失去双臂的痛苦也曾让他蒙傻。但康复治疗中他遇到了一个给他启示和信心的人。刘京生，北京市残联副主席。他和刘伟一样没有双臂，却能自己刷牙，吃饭，写字，而且事业也很成功。他教会了刘伟许多东西，在刘京生身上，刘伟找到了共同的东西；刘京生的存在让刘伟没有怨天尤人、自暴自弃。"如果你一出生就有两个脑袋，别人都觉得很奇怪，怎么会有两个脑袋呢？无所适从。当你遇到同样有两个脑袋的人，而且你发现他过得很好，那你肯定会想，他过得很好，我也可以。"半年后，刘伟同样可以自己用脚刷牙、吃饭、写字了！

两年后，刘伟回到了原来的班级，因为没有双臂经常遭到议论。而刘伟已经把所有的注意力放到学习上，他说他只要想学，就会学的很快，很好。期末考试，他名列班里前三。

12岁，刘伟开始学游泳，后来进入了北京残疾人游泳队，最好成绩是全国残疾人游泳锦标赛金牌。拥有了两金一银的刘伟，梦想着再拿一枚2008残奥会上的金牌。残酷的事实却粉碎了他的金牌梦。在做奥运准备中，由于高强度的体能消耗，导致免疫力下降，他患上了过敏性紫癜。医生告诉他，必须放弃训练。因为高压电对刘伟的细胞造成过严重伤害，不排除以后有患上红斑狼疮和白血病的可能。有危及生命的信号，刘伟只能放弃。

19岁，刘伟找到了新的梦想，音乐。最初，家人是反对他的。可最后还是借钱给他买了一架钢琴。他兴奋的找到了一家音乐学校，那是一家私立音校，当校长看到刘伟便认为刘伟进校学音乐只会影响校容。刘伟说：谢谢你这样歧视我，我会让你看看我是怎么做的。

刘伟说到,也做到了。2010,刘伟以一曲《梦中婚礼》问鼎达人秀,掌声雷动。我们可想而知,一个健全的人,用双手演奏还要付出许多汗水,刘伟和他的双脚在钢琴键上又会经历多少个失败与重来。

失去手臂是一种苦难,这苦难却没有让刘伟的生活很糟糕,没有抱怨,只有接受和努力改变。

“我能像正常人一样生活,养活自己,虽然我体会不到拥抱别人的幸福感,但我能够在琴声里感受到更多的幸福。“

“希望大家看到的世界都是非常美丽的,可能有些小小的不顺,或者一些坎坷,那都在证明你以后的人生是美好的。”

“至少我还有一双完美的腿。”

刘伟用双脚走上了舞台,用双脚演奏了音乐,用毅力精彩了人生。

生活的强者,勇于挑战现实,在现实中磨炼自己的生存能力,把不可能变为可能。

华莉丝在不满父亲为了五匹骆驼而把自己嫁给一个老头时,因为不满而做出了改变“那天我坐在草地上望看羊群,心里知道这可能是我最后一次替父亲放羊了。我想象自己在沙漠上某个偏僻地方和那老头一起生活的情况:一切活儿都由我来干,他只是拄看手杖一跛一瘸地走来走去;后来他心脏病猝发,我孤独地度过余生,或者独力抚养四五个娃娃。我心中有数了,我不要过这样的生活。”

巨石封压不住小草渴望阳光的心,苦难打压不了意志顽强的人。如若对当下的生活已经心生不满与厌倦,我们何不也问一句自己:“这样的生活你要吗?”

在QQ明信片上看到了一段文字,我喜欢这样的话:

因为不满,你看到了自己的理想。

因为有了理想,存在的每一瞬间才会如此重要。

没有打不倒的对手,只有停下脚步的自己。

超越是结果,奔跑是过程。

改变从此刻开始,向着心的方向,如华莉丝母亲所说:现在走吧。

逐梦箴言

许多时候，人们安于现状，视周遭一切为理所当然。而改变命运的永远是不满现状的那些人。对于那些不停地抱怨现实恶劣的人来说，不能称心如意的现实，就如同生活的牢笼，既束缚手脚，又束缚身心，因此常屈从于现实的压力，成为懦弱者；而那些真正成大事的人，则敢于挑战现实，在现实中磨炼自己的生存能力，这就叫强者！

知识链接

“中国达人秀(China's Got Talent)”

是中国东方卫视制作的一款真人秀节目，自2010年7月25日开始每周日晚在东方卫视播出。该节目旨在实现身怀绝技的普通人的梦想。

在苦难中微笑

在我的学生中,有一个孩子,衣着干净,长得虎头虎脑的,小学二年级却长到了150多公分的身高。大多数的孩子来上课,都是父母接送,唯有这个孩子,带他来接他走的,总是他的爷爷,风雨不误。

有天课后,忽然下起了大雨,学生都渐渐散去了,这个孩子的家长却没有出现,孩子显得有些焦急。我问他要不要给家里打个电话。孩子特别肯定的说:"不用,我爷爷一定会来接我的。"

真的是那个老人来接,瘦小的身子缩在雨衣里,没顾得擦拭脸上的雨水,只一个劲的问孩子着急没有,说是雨太大,路上一直打不到车,只好走着来了。我要老人脱下雨衣,在教室里等雨停了再走,他不肯,说怕雨水弄脏地板。在我的坚持下,他才拘谨地拉着孩子坐在教室靠门的位置,不肯走动。我想找些话题让他放松,就很家常的聊了起来。我问他这么大的雨怎么不让孩子的父母或其他家人来接。老人看看我,又看看孩子,聊了起来。

"这个孩子没有父母,一直和我一起生活。"

"孩子的爸爸和妈妈在他4岁的时候出车祸没了。"

"我有两个儿子,竟是同样的命。小儿子在29岁的时候也是死于车祸,刚结婚40天。我老伴遭受打击,也在3个月后死于心脏病。"

外面的雨稀里哗啦的下着,一直下了一个多小时,那一个小时里我听到了一个老人的故事。

老人在很小的时候就被亲生父母因为子女众多家境贫寒过继给了姑

母。姑母家并不比他自己的家庭富裕多少，只是姑父不育。过继的时候他7岁。现在的孩子7岁还是父母心里、怀里的宝贝，甚至有的父母还要追着宝贝喂饭吃。而他7岁时，别说有人喂饭，连吃饱都保证不了。新中国历史上的“三年自然灾害”时期，让他知道了树皮、榆树钱、野菜根，甚至蚯蚓都可以拿来果腹。破衣烂衫，腹内无粮，这些他都不怕。可怕的是他的姑父，也就是养父，脾气粗暴。养他不疼他，脏活累活零碎活，他全要跟着干。姑母又生性懦弱，没有办法袒护这个非亲生的孩子。饿、累、挨打，几乎伴随了整个少年时期。

16岁，他进了工厂，成了一名翻砂工。那是一种高温、危险，重体力的工种，将铁水或者是其他金属化成液体倒入用耐火砂做的器物模具内，待冷却后就再从模具内倒出，加工成零件或者是器物。老人说，那个时候，大冬天穿棉袄进车间，十多分钟，那汗就能够湿透一件棉袄。累，可不觉得苦，能够赚钱了，交给养父母。

21岁，娶了媳妇。媳妇也是个穷苦人，小时候蹲锅台煮饭，不小心栽进开水锅，烫残了右手。虽然手残，可是心地善良，为人贤惠。两个人惺惺相惜，发了誓好好过日子。结婚后早年无子，后来连生两个男孩。晚做父母的两个人自然是特别疼爱这两个孩子。吃喝拉撒，行为品德，样样照顾得仔细。日子仍然不富裕，可是一家人在一起，也是欢乐满堂。后来，他年龄大了，工厂也倒闭了，下岗，靠干些零活养家。两个儿子渐渐长大，知道了父母的艰辛，早早的退学务工，贴补家用。小儿子新婚不久，想着家里的状况，决定南下广州，没有文化，只能够靠出卖体力和手艺赚钱。后来他四处借钱，买了一辆出租车，因为手续不健全，只能开黑车。大家想着这样辛苦几年，就有回报了。可惜，钱没还完，小儿子的人生路走完了，夜班车疲劳驾驶，他撞向了路边的树……他奔向广州，在路上，吃不下睡不着，见到的小儿子早已经是冰凉僵硬，面目已非。处理完，转回家来，老伴已经卧床10多天，因为遭受失子之痛，心梗入院。3个月后，老太太随儿而去。

老人家接连失去两位亲人，瞬间老了十几岁。体态消瘦，步态蹒跚。大儿子夫妻俩那个时候买了一辆小货车，在城里的批发市场弄些衣袜日杂什

么的，拉到乡下去卖，起早贪黑，赶个集市，对些小缝。老人就留在家里照顾不到四岁的孙子。忽然一天，和儿子媳妇一起赶集的邻居，传了信给他，要他快快赶去医院，说是儿子媳妇住院了。来不及细听缘由，顾不得多想，踉踉跄跄，到了医院，最后还是没能见到小夫妻最后一面。

事完，人散，老人断了活下去的念想，他抱着哭着叫着找爸爸妈妈的孙子，用手去摸电闸，可就在要触摸到的时候，吱啦一声，保险丝居然断了。老人突然笑了。回想这一生，还有什么不能面对，老天爷让他极苦、极悲、极惨，却留下了需要他照顾的孙子。从此，他没有掉一滴眼泪，带着孙子，除了领一份最低保障金，还捡破烂，爷孙两人相依为命。

你是不是以为故事就到了这里？不是的，如果到这，顶多算听了一个命运凄惨的老人的故事。可贵的是，老人现在除了孙子，还养了一个3岁多的女孩，那是他3年前捡破烂的时候在垃圾箱旁捡到的女婴，天生无右臂。老人说，这是老天补偿给他的生命，收了旧的，给了新的。他现在每天好好吃，好好睡，好好干活，照顾好两个孩子，也是一家三口，忙忙乎乎的，也挺乐呵。

雨停了，老人带着孩子离开，我推门送他们，看爷孙俩拉着手走在雨后的黄昏。雨后的阳光浴着他们，在他们身上迷晕开了一层光圈，那一刻我觉得老人那么高大，小孩那么安心。

蜡烛的可贵在于燃烧自己的时候照亮了别人。失去亲人的老人，在悲痛后，虽然自己的日子很艰辛，可却向残臂的弃婴伸出温暖的手，给她一个家与亲人般的爱；华莉丝经历了种种苦难后，灿若星辰，如果她的美丽只停留在T台，我们也就只是欣赏她的美丽，而不会震撼于她的灵魂魅力了。从她诉说自己的“割礼”经历那一刻开始，她不仅解救了自己，也救赎了千万妇女。她用斗士的宝剑挑战着残忍的陋俗。苦难让她们更加强大，加倍施予弱势之助。

人在苦难中，会有各种各样的承受姿态。

为别人做些什么，一点温暖、一点救助、一点支撑……会让人生更有意义和价值。

我们无法讨论出“命中注定”这句话的可用率，就如我们无法预知生命会出现怎样的磨难。可是，有一些人，身处安逸却“为赋新词强说愁”；有一些人，经历磨难却百压不弯。经历磨难的人才更懂生命的价值，更懂怎样生活才是最好的姿态。

在苦难中，深呼吸，仍然微笑，生命继续，就是胜利。

没有一帆风顺的人生，也没有人能够掌控自己命运的天空只晴不阴。幸福与苦难都是人来自灵魂的感知。幸福固然人人祈求，但苦难却让人更能强烈的感知生命的意义和价值。欢乐与痛苦都应该是心灵账单上的入账，在欢乐中歌唱，在痛苦中抗争。欢乐是甜点，而苦难是良药。应该在苦难中激发生机、磨炼意志、启迪智慧、高扬人格。

风沙、干旱、饥饿、疾病，“割礼”，看是无边的荒漠终是有界的，华莉丝经历了种种苦难，没有被击倒，从沙漠里的一朵小花到成为世界名模，站在世人眼前，最坚强的生命才能开出最灿烂的沙漠之花。历经苦难仍珍爱生命，逆境求生，勇敢地面对所要面临的一切，把爱和阳光传递到每个角落，将生命中耀眼的美灼灼绽放。

生命本身就是一个奇迹，每个人身上都存在无限可能，只要去做，没有不能。

逐梦箴言

人在苦难中，会有各种各样的承受姿态。智者会从苦难中提炼珍宝，历尽坎坷仍然热爱生命，在苦难中锤炼成材。苦难是甄别剂，漂涤出弱者弱，强者强，智者智，愚者愚。在逆境中，苦难里，重压下，找一找，看一看，你一定会发现带你走向光明的一线能量。

知识链接

女性割礼

是一种仪式，于 4 岁至 8 岁间进行。

始于古埃及法老时代，早在基督教产生之前就流行于尼罗河流域，后来传播到其它国家，甚至穆斯林国家：如阿联酋和印度尼西亚。在非洲等地实行的把少女的全部生殖器（包括阴蒂、大阴唇、小阴唇）一点不剩地切割下来，再用铁丝、植物刺把血淋淋的伤口缝合起来，只在阴道外留一个细如火柴棍的小孔的少女成年仪式。女性割礼只是一种委婉的说法，另一种委婉的措辞是女性生殖器官毁损。女子割礼历来都是私下个别进行。除少数人到医院去做之外，大多数人一如既往，都由民间巫医、助产妇或亲友操持。传统的切割工具是铁刀或小刀片，缝合使用的是一般针线，有的地方甚至使用荆棘。用这样落后、原始的器具切割身体的敏感部位，而又经常不使用麻醉剂，肉体上的痛苦是难以言说的。割礼，在全球 30 多个国家普遍存在的现象——女孩在 14 岁之前如果不接受割礼，她就会嫁不出去，这在家人和旁人看来是不能容忍的。而对于当今医学以及女性的身心健康来讲毫无积极意义可言。

智慧心语

患难及困苦，是磨炼人格的最高学府。

——苏格拉底

灾难本身即是一剂良药。

——考柏

苦难对我们，成了一种功课，一种教育，你好好的利用了这苦难，就是聪明。

——三毛

英雄常食苦难与试练的面包。

——罗曼·罗兰

患难可以试验一个人的品格；非常的境遇方可显出非常的气节；命运的铁拳击中要害的时候有大勇大智的人，才能够处之泰然。

——莎士比亚

苦难有如乌云，远望去但见墨黑一片，然而身临其下时不过是灰色而已。 ——里希特

第三章

每个人都是一束光

莉莉·科尔

导读

每个人身上都有自己独特的东西，相貌身形不同、行为思维不同、修身感悟也不同。这就决定了其禀赋和价值也不会相同。要爱自己，并相信自己的独特与美丽。执着追求美好的生活。每个人都是一束光，总会有一个舞台，因为你的存在而更加炫亮。

■ 让讥讽成为煽动翅膀的力量

模特圈里到处是漂亮女孩，想要获得更高的知名度，必须独具特色。独特意味着与众不同，甚至要超脱一般的审美观。然而，许多拥有独特面孔的超模们，在年少时期却曾经因为自己的特色而受到嘲笑甚至歧视。

英国伦敦的索霍区，一个小女孩手里抓着偌大的一份汉堡，一边津津有味的吃着，一边和朋友们嬉闹在街头。突然，有个人拦在她面前，对她说："你知道你自己长得很特别吗？你具有很强的可塑性，我保证你一定会红。"

女孩觉得自己遇到了骗子之类的坏人，吓得拔腿就跑。那个人竟然一路追撵了过来，抓到她说："请你认真听我说，我知道你一定以为我是坏人，但我不是。你真的是太美了，我只是想知道，你是否愿意成为一名模特？"

看着眼前的人，听着他说的话，这是第一次有人称赞她的美丽，小女孩竟然鬼使神差的点头答应了。

这个小女孩是莉莉·科尔（Lily Cole），当时14岁。

莉莉·科尔提及当初被星探发掘的情形时说：那是"早上若无其事地出门，傍晚回来时就一切都改变了"的一天，好像《阿里巴巴和四十大盗》的童话故事讲的那样——有人在你门上画了个记号，你的生活就完全不一样了。

如此普通的一天，莉莉·科尔就这样被星探发掘，开始了她不平凡的模特生涯。而在这天之前，莉莉·科尔却是个在人际交往中很没有信心的小姑娘。她总是猜想人们不喜欢她，这样的想法来自身边那些嘲弄她的男

孩子。因为莉莉有着一头火红的长发，加之白瓷一样的肤色和瘦小的脸，他们都暗讽她为“鬼娃新娘”。走在街上，莉莉常感觉得到身后的窃窃私语，这些让莉莉·科尔曾经非常不安和自卑。

“我记得那种不安全感。当我和人交往时，我总是会想他们不喜欢我。这是个现实的想法，因为我是红发。这真的很荒谬。老师从来也不管这种歧视的发生，因为他们不认为这是个污名。任何形式的欺凌都应该被阻止，因为儿童的心灵是如此脆弱，这会影响他们的生活。”

现在的莉莉·科尔被誉为时尚界的洛丽塔，她拥有圆面孔、大眼睛、白瓷一样的皮肤及一头如杂草般的红发，令人一见难忘。五官小巧别致，带有浓厚的古典情怀，因此也拥有意想不到的可塑性，无论是平常的便装、高贵的晚装还是怪异艺术装，她们都能穿出衣服的风格与神韵。如此得天独厚的条件，让她在出道短短几年间便迅速蹿红，得到时装大师们的格外赏识。

“她不仅是因为样子长得令人难以置信地好看，更重要是她有种非凡的信心、表现力和个性。看看她拍的照片，就会被她的精灵气质所摄住。”

莉莉·科尔一边完成学业一边开始了模特工作，并最终成为凯特·摩丝、辛迪·克劳馥的师妹，签约了世界知名的 Storm Model 公司。莉莉·科尔的爆红开始于 2003 年。当时，著名摄影师 Steven Meisel 对她的修长美腿、瓷娃娃般的肌肤、火红的头发和天使般的脸……都痴迷不已。他为莉莉·科尔拍摄的第一组照片，便成为了当期意大利版《Vogue》杂志的惊艳之作。

这一年，莉莉·科尔还登上了《Numero》杂志封面，并两度将英国版《Vogue》的封面占地为王。渐渐地，香奈儿、克里斯汀·拉克鲁瓦、爱马仕、莫斯奇诺……开始频频出现她的身影，甚至不惜巨资邀她为自己的品牌代言。莉莉极得马克·雅可布和卡尔·拉格斐赏识，挑选她担当发布会的主角模特。莉莉·科尔很快便被业界誉为凯特·摩丝的接班人。她拥有标准的模特身材、圆脸、大眼睛、白皙皮肤以及一头杂草般的红发，让见过她的人很容易留下深刻印象。2004 年，莉莉·科尔当选“英国时尚大奖”的

“年度模特”，正式跨入顶级名模的行列，而此时的莉莉·科尔才刚满16岁。尽管模特工作占据了很大一部份时间，外貌出众的她更是剑桥大学的高材生。2006年，英国中学的高考成绩如往年一样如期公布，这位被形容为精灵似的18岁红发女孩以英文、哲学、伦理学和政治学4科均A级的好成绩，正式被剑桥大学录取。她颠覆了以往人们认为模特只有脸蛋没有头脑的观念。

17岁那一年，莉莉·科尔也一度动摇过，不想再升学了，但她的历史科老师给她写了一封信：亲爱的，请不要放弃学业，你是西洋两岸数一数二的美人胚子，但是你还有其它的天份，不要忘记除了天桥世上还有其它珍贵的东西，知识是永不会消逝的财富，趁着年轻去追逐你要的梦吧。经过深思熟虑，舍弃了天桥上的浮华，18岁的她明白自己需要更多的积累与沉淀。她从2006年秋天开始，投身于宁静的大学校园。

莉莉·科尔就读于剑桥大学的国王学院学习修读社会与政治。也许是学业的影响，她非常关注公众事业，作为国际天使儿童基金会的大使，莉莉·科尔希望更多的人能关注儿童问题，她还设计了一件带着“Save the Future”标志的衬衫，为的是提醒大家关注在时尚产业中被非法雇佣的儿童劳工的艰难处境。

莉莉·科尔推掉过一份薪酬数以千万计的合约。南非一家钻石矿场在纽约第五街开店，想高薪聘请她当形象代理。这家钻石商在南非贱价收购大片农地开采钻石，令许多农民丧失了耕地，她知道这些后毫不犹豫的把合同推掉了。

这就是莉莉·科尔，国际T台的顶级娃娃脸模特之一。她那张既复古又揉合了童真甜美的脸庞，就像一个制作精巧的陶瓷娃娃，让人爱不释手。莉莉·科尔以自己独具的魅力将被指为“鬼娃新娘”的讥讽变为曾经。

生活中不只有鲜花和掌声，也有被嘲弄和轻视的时候。

当今社会，很多人都能够平淡看待残疾的人，但仍然出现有缺陷的人被嘲弄和拒绝的情况。

李强，一个因为小儿麻痹后遗症跛脚的人。他毕业于计算机专业，品

学兼优。

大学毕业,他和许多求职者一样,投递了百份简历,希望找一份安稳的工作。可一份份简历投出去,多半泥牛入海,杳无音信。难得有了回音的,一见到他本人,都摇头再见了。

他不相信自己多年苦学,到最后连碗面钱都挣不了。一次次的被拒绝,他仍然四处寻找就业机会。

终于,他得到了一份在网吧做网管的工作。那是一份耗时长,杂务多,薪水低的工作。可是,因为得来不易,李强还是尽心尽力的工作着。拖地,擦吧台,为顾客跑腿买零食,这些零活与他的专业已经没有任何关联,他却没有怨言。

每天12个小时,月薪500元。这就是他的第一份工作和报酬。

他想珍惜和坚持。

有一天,一名顾客要他帮着去买一种饮料,他跑了附近几个小店都没有。当他气喘嘘嘘的买回来时,那名顾客不但没有感谢的话,反而不耐烦的对他说:"腿脚不利索就别干这侍候人的活。"他觉得顾客真的过分了,就回嘴问那个人:"你这话什么意思啊?"那个人面对李强的质问,不但没有收敛,反而指着李强大声说:"呦,脾气还不小。我说你,腿脚不好就别搁这人堆儿里碍事,呆家里能够干啥干点啥得了!"

争执中,老板过来,什么话没说,直接打发他走人。

李强回到家里,刚开始是气愤,他痛恨那个指着他鼻子嘲弄他腿脚的人。可是想着想着,他从床上一跃而起,他做了一个决定。

他的决定是自己创业,开一家电脑维修店。

家人筹借了3000块钱,他就那样起步了。开始是在小区里。

他把所有的精力都投入到店里,服务热情,修理技术好,换件价格公道,总是用最短的时间让顾客拿走送来维修的机器。渐渐的他有了名气,开了电脑装机销售,后来又开了连锁经营。

当有人问及当年,他是怎么走到今天的,他笑笑说:是做网管时那个蛮横的顾客让我找到了机会,他说让我呆家里能干啥干点啥。这原本是嘲弄我的话，却给了我启发。我待在家里也能干的就是修理，这也是与计算机专业有关的事。不一定在机关或名企才有所成就；成功有很多种形式，只要你能够抓到机会，肯干，就一定有回报。

故事中的年轻人与超模莉莉·科尔，都是在讥讽中获得成长的人。她们都曾经是被轻视、耻笑的对象。但是她们没有在讥讽和嘲弄当中蜷缩翅膀，而是执着追寻梦想，付诸努力，把讥讽变为掌声。

逐梦箴言

一个意志顽强、追求卓越的人，不会被外在的条件束缚住，也不会因为别人的轻视和打压否定自己，反而会在逆境中捕捉机遇，取得成功。有梦就会飞翔，讥讽也可以变成力量，让你煽动翅膀。

知识链接

《VOGUE》

这本成立于1892年的杂志是世界上历史悠久广受尊崇的一本时尚类杂志。杂志内容涉及时装、化妆、美容、健康、娱乐和艺术等各个方面，是一本综合性时尚生活杂志。

在美国，《Vogue》被称为“时尚圣经”，到现今为止，该杂志已经在15个国家发行出版。《VOGUE》杂志被公认为全世界最领先的时尚杂志。

■ 因为独特所以美丽

曾经,时尚一直以追求完美为选择模特的重要标准,如今似乎逆潮流而行,偏偏对牙齿稀疏的女人情有独钟,于是一群“牙缝美女”便横空出世了。宽宽松松的大门牙缝儿总让人们感觉到一种浪漫的法式优雅和随性。

琳赛·威克森(Lindsey Wixson),成为2010春夏普拉达秀场开场的PRADA女孩之后,其瞩目程度大为飙升,并成为海报网推荐超模10大新人之一。

琳赛·威克森,有着肉肉的脸颊,有个小凹坑的下巴,眼神任性,最独特是她那张圆圆的肉肉的小嘴,仿佛总是有点生气一般,非常洛莉、非常Q!琳赛·威克森的嘴唇不仅仅小,而且是可爱的“兔子嘴”,自然状态时总是会露出前门牙的牙缝。然而学生时期,就是这样的琳赛·威克森经常受到同学的嘲弄:“我过去对于自己的牙缝很有自知之明。中学时期,那群女孩总是想把我击溃。她们管我的牙缝叫‘停车场’。我觉得我长得又细又高。那是我一生中最糟糕的日子,但我现在已经解脱了,当模特让我建立自信。”

琳赛·威克森,被冠以牙缝超模,以其独有的特色名列国际超模TOP 50排行榜的第14名,势头强劲。

说到“牙缝派超模巨星”就不得不提到另外一个人,她的门牙间有着颇大的缝隙,淡得几近如无的双眉,饱满的完美胸部,冷漠一如千年顽石的面部表情,这,是劳拉·斯通(Lara Stone),截至于2011年的权威全球模特Top

50 排行榜上的排名，劳拉·斯通跃升第 1 位。

劳拉·斯通，这个出生于 1983 年的荷兰女孩，十三四岁的时候和全家人去巴黎旅行，在地铁上被一位模特星探的太太相中。后来劳拉参加了一场模特比赛，但是没有获得任何奖项。回到荷兰后，劳拉愈发觉得生活很无聊、学校很糟糕——当时又瘦又高，牙齿有缝的劳拉经常被周围人取笑，“那段痛苦的日子真的很让我伤心，有的人甚至说：她真是太丑了，我甚至不会让我的狗接近她。”

于是她决定离开，只身前往巴黎当模特。

最初的几年，劳拉的模特路并不顺畅，她主要靠给东京、巴塞罗那等地的刊物当平面模特来赚钱谋生，同时频繁奔波于各个面试场地。当时的劳拉·斯通是个在时尚界显得有些刺目，非常不入流的混迹模特。这样的情形维持了有 7 年之久。在新人辈出、美女如云的行列里，劳拉渐渐感到疲惫和茫然，她萌生了退意。

命运惯常作弄人的手法就是在你饥渴绝望近乎停息时才给你几滴甘露。

就在劳拉萌生退意的节骨眼上，设计师 Riccardo Tisci 在 Givenchy 2006 秋冬高级定制秀的模特面试中对她一见倾心，不仅当即录用了她，还打电话给法国版《Vogue》主编 Carine Roitfeld 报喜。就这样，劳拉咸鱼翻身，摇身变为一线 T 台和顶尖时装杂志上的新晋超模。

时至今日，劳拉凭借自己的无可替代的特色和多年积淀大器晚成，一夕走红。劳拉·斯通显然不是天仙似的人物，不是令人如欣赏艺术品般细细品味留恋，目不转睛地再三赞叹的那种类型。那个两颗门牙间的大牙缝曾经让劳拉陷入嘲讽和排斥之中，从小到大，牙医曾经无数次建议她修补牙缝，以此达到大众审美标准。而今，恰恰是那些不完美让劳拉与众不同，从美女群中脱颖而出。淡化的眉毛，牙齿间凸显的缝隙，都成了一种标志，让她成为世界时尚舞台的焦点人物。在时尚的字典里，那些被放大到两层楼高公开示众的牙缝并不仅仅是牙缝那么简单，它带有时尚赋予它的诸多附加词——独特、个性、真实的魅力，以及特立独行。

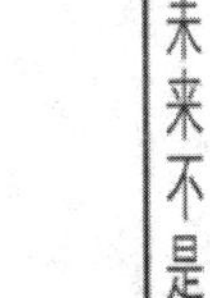

劳拉说：我喜欢我的牙齿，它们让我显得与众不同。

没有完美无瑕的人生，缺憾是上帝的另一种恩赐，因为与众不同，人生才会不同凡响。

我们来看一个故事：

在一所中学里，有一个班每逢周末的主题班会中都会有一个传统，那就是让每一位同学都轮流上台进行“才艺表演”。按规定，班内的每个人都要参与，在表演的过程中你可以发表演讲，也可以说段子、讲笑话，只要是能展示你自己，并且大家爱听爱看的，无论什么节目都可以。

又一个周末，这次轮到迪克上台表演，他平时的表现可以说是班内男生堆里最不出众的一个，无论是学习成绩还是外貌形象。只见他慢腾腾地走上讲台，摘下他那顶作为道具用的帽子，先向同学们深深地鞠了一躬，然后清清嗓子开始演讲：

“嗯！从身材上看，不用我说大家也可以看出，但大家知道吗，我比拿破仑还高出1厘米呢，他是159厘米，而我是160厘米；还有维克多·雨果，我们的个头都差不多；我的前额不宽，天庭欠圆，可伟大的哲人苏格拉底和也是如此；我承认我有些未老先衰的迹象，还没到20岁便开始秃顶，但这并不寒碜，因为有大名鼎鼎的莎士比亚与我为伴；我的鼻子略显高耸了些，如同伏尔泰和乔治·华盛顿的一样；我的双眼凹陷，但圣徒保罗和哲人尼采亦是这般；我这肥厚的嘴唇足以同法国君主路易十四媲美。”

沉默了片刻，迪克继续说：“也许你们会说我的耳朵大了些，可是听说耳大有福，而且塞万提斯的招风耳可是举世闻名的啊！我的颧骨隆起，面颊凹陷，这多像美国独立战争的英雄林肯啊！我的手掌肥厚，手指粗短，大天文学家丁顿也是这样。不错，我的身体是有缺陷，但要注意，这是伟大的思想家们的共同特点……”

当迪克做完他的节目走下讲台时，班级里爆发出久久不息的掌声。

迪克的演讲赢得了大家热烈的掌声，这不仅是因为他妙语连珠的演讲词，更重要的是他那种接纳自我、善待自己缺点的精神得到了大家的一致认可。

另外一个故事，告诉我们，生命是上帝的作品，瑕疵难免，缺憾是另外一种恩赐。一定要爱自己，只看自己所拥有的，快乐就会被无数倍放大：

她站在台上，不时不规律地挥舞着她的双手；仰着头，脖子伸得好长好长，与她尖尖的下巴扯成一条直线；她的嘴张着，眼睛眯成一条线，诡谲的看着台下的学生；偶然她口中也会依依唔唔的，不知在说些什么。基本上她是一个不会说话的人，但是，她的听力很好，只要对方猜中或说出她的意见，她就会乐得大叫一声，伸出右手，用两个指头指着你，或者拍着手，歪歪斜斜的向你走来，送给你一张用她的画制作的明信片。

她就是黄美廉，出生于台南，父亲是位牧师。出生时由于医生的疏失，造成她脑部神经受到严重的伤害，以致颜面四肢肌肉都失去正常作用。当时她的爸爸、妈妈抱着身体软软的她，四处寻访名医，结果得到的都是无情的答案。她不能说话，嘴还向一边扭曲，口水也不能止住的流下。从小她就活在诸多肢体不便及众多异样的眼光中。她因无法像别的小孩子一样，自由自在的玩耍、奔跑，还要面对许多异样的眼光，一些小孩会嘲笑她，用手、石头或棒子打她，看她气得发抖或哇哇大哭，那些小孩子就越发得意。她的成长充满了血泪。

然而她没有让这些外在的痛苦击败她内在奋斗的精神，她昂然面对，迎向一切的不可能。终于获得了加州大学艺术博士学位，她用她的手当画笔，以色彩告诉人们寰宇之力与美，并且灿烂地活出了生命的色彩。

全场的学生都被她不能控制自如的肢体动作所摄住。

以笔代嘴，以写代讲。这是一场倾倒生命、与生命相遇的演讲会。

"请问黄博士，"一个学生小声的问，"您从小就长成这个样子，您会认为老天不公吗？在人生的旅途上，您有没有怨恨？"

真是太不成熟了，怎么可以当着面，在大庭广众之前问出这么尖锐苛刻的问题，直刺人心！有些人开始担心黄美廉会受不了这样的难堪。

"我怎么看自己？"美廉用粉笔在黑板上重重的写下这几个字。她写字时用力极猛，有力透纸背的气势。写完这个问题，她停下笔来，歪着头，回头看着发问的同学，然后嫣然一笑，回过头来，在黑板上龙飞凤舞的写了

起来：

一、我好可爱！

二、我的腿很长很美！

三、爸爸妈妈这么爱我！

四、上帝这么爱我！

五、我会画画！我会写稿！

六、我有只可爱的猫！

……

黄美廉一下子写出了几十条让她热爱生活的理由，并且，是热爱得那样的理直气壮。

黄美廉转过身来看了大家一眼，再次转过身去，在黑板上重重写下了她的那句名言：我只看我所有的，不看我所没有的……

迪克与黄美廉，是聪明的快乐易得者，他们的智慧在于淡化瑕疵放大优势，用自信获得快乐。而在模特的世界里，从前占据主流江山的容貌之美，如今真的被个性所取代，牙缝背后的象征意义——某种对自身的坦率，发自内心的自信，和对外界事物的不屑一顾。

这就是智慧——不断发掘自己身上最与众不同的地方，并让它成为自己的魅力和快乐所在。

逐梦箴言

没有完美无瑕的人生，缺憾是上帝的另一种恩赐。爱自己，相信自己的，因为与众不同，人生才会不同凡响。

知识链接

"时装摄影"

以时装或相关时尚为主题的摄影。时装摄影的特殊功能是能展现时装的魅力以及人们在某一时期的穿着方式。但这个明显而简易的目标却是包含在一种复杂的、难以言述的感受中。时装摄影所表现的时装之美，有时美得惊人，摄人心魄；有时散发着优雅馨郁的芳香；有时情趣诙谐幽默。时装摄影为我们提供了一份独一无二的、有价值的、有关时代风尚、社会生活、人的情感和行为方式的记录，使我们理解当前流行的文化趋向——艺术影响、戏剧风格、社会潮流、沙龙的变化格调及新闻摄影报道等，它们无疑都对时装投下了自己的影子。

■ 黑色的气球也可以飞上天空

夏奈尔·伊曼，生来就与时尚结缘，特殊的肤色和五官注定了夏奈尔·伊曼的独特，夏奈尔·伊曼修长纤细的双腿令人过目不忘，继纳奥米·坎贝尔之后的下一个秀场上闪闪发亮的黑珍珠就是她！在权威模特排名榜 MDC TOP 50 上的排名是第 16 名。

2006 年 2 月，16 岁的夏奈尔·伊曼首次登上国际秀场的伸展台，在纽约时装周上连走 Anna Sui、Derek Lam、Marc Jacobs 和 Proenza Schouler 的秀场，光芒初绽。

整个 2008 春夏时装周期间，只有一位黑人模特拥有了与白人模特同样高的登台频率，她就是夏奈尔·伊曼，当年 17 岁。夏奈尔·伊曼是非洲、美国以及韩国人三种混血血统。尤其是在米兰和巴黎，罗宾森在被东欧裔模特占据了的 T 型台上，常常成为整场秀展唯一一个非白人面孔。

“我的一生中，人们经常凭我又高又瘦的外表来判定我和欺负我。以前我听信人家所说的，而没有感恩于老天赋予我的一切，直到后来我才学会，爱自己原本的样子是最大的恩赐。”

曾经读过两个非常经典的故事：

美国的白人和黑人，长久以来都各自有其特点。白人因为受教育较多，经济水平高，所以天生有种“白人的傲慢”，觉得自己比黑人优越。黑人由于受教育较少，大部分也比较穷困，所以天生有种自卑感。

有一天，有一个黑人小孩，呆坐在公园一角，看着白人小孩在玩氢气球。

他们把五彩缤纷的氢气球缚上长线，令气球在天空中飘扬。

当那群白人小孩越走越远，黑人小孩闪闪缩缩地走向卖气球的老伯，他说：“我要买一个黑色的气球。”老伯面有难色，说道：“对不起，我没有黑色的气球卖给你。”说罢看见小孩神情失望，就跟着补充说：“你可以等一会，我用黑颜色笔替你涂一个。”几分钟后，小孩接过黑气球，把气球缚上长线，发觉气球可以和五颜六色的气球一样升上天空，高兴得叫起来说：“原来黑色气球也可以高飞！”

卖气球的老伯对小孩说：“小朋友，你要记住：气球可以高飞，并非因为外型和颜色，而是内在的氢气。”

美国女国务卿赖斯的奋斗史颇有传奇色彩。短短20多年，她就从一个备受歧视的黑人女孩成为著名外交官，奇迹般地完成了从丑小鸭到白天鹅的嬗变。有人问起她成功秘诀的时候，她简明扼要的说，因为我付出了超出常人8倍的辛劳！

赖斯小时候，美国的种族歧视还很严重。特别是在她生活的城市伯明翰，黑人的地位非常低下，处处受到白人的歧视和欺压。

赖斯10岁那年，全家人来到首都纽约观光游览。就因为黑色皮肤，他们全家被挡在了白宫门外，不能像其他人那样走进去参观！小赖斯倍感羞辱，咬紧牙关注视着白宫，然后转身一字一顿地告诉爸爸：“总有一天，我会成为那房子的主人！”

赖斯父母十分赞赏女儿的志向，经常告诫她：“要想改善咱们黑人的状况，最好的办法就是取得非凡的成就。如果你拿出双倍的劲头往前冲，或许能获得白人的一半地位；如果你愿意付出四倍的辛劳，就可以跟白人并驾齐驱；如果你能够付出八倍的辛劳，就一定能赶在白人的前头！”

为了实现“赶在白人的前头”这一目标，赖斯数十年如一日，以超出他人8倍的辛劳辛劳发奋学习，积累知识，增长才干。普通美国白人只会讲英语，她则除母语外还精通俄语、法语和西班牙语；白人大多只是在一般大学学习，她则考进了美国名校丹佛大学并获得博士学位；普通美国白人26岁可能研究生还没读完，她已经是斯坦福大学最年轻的女教授，随后还出

任了这所大学最年轻的教务长。普通美国白人大多不会弹钢琴,可她不仅精于此道,而且还曾获得美国青少年钢琴大赛第一名;此外,赖斯还用心学习了网球、花样滑冰、芭蕾舞、礼仪训练等,并获得过美国青少年钢琴大赛第一名。凡是白人能做的,她都要尽力去做;白人做不到的,她也要努力做到。最重要的是,普通美国白人可能只知道遥远的俄罗斯是一个寒冷的国家,她却是美国国内数一数二的俄罗斯武器控制问题的权威。天道酬勤,"8 倍的辛劳"带来了"8 倍的成就",她终于脱颖而出,一飞冲天。

我们再来看看模特界飞天的黑色气球:

美国全能模特泰拉·班克斯(Tyra Banks),一名优秀的多栖艺人,模特出身的她在业内同时涉足主持、泰拉·班克斯演艺、歌唱舞蹈等诸多领域,均取得显赫的成就。不折不扣的巧克力色性格美人儿,在世界超级模特中,是一位杰出的黑人模特,她会说话的眼睛和丰富的肢体语言,使她在竞争激烈的模特生涯中一直处于不败之地。"黑人女孩的身体自然有她们身体无尽的魅力。"——Tyra Banks 自信的向世界宣布。

泰拉·班克斯 1973 年 9 月 4 日出生于美国西部城市洛杉矶,6 岁时父母离异。母亲是一位职业摄影师。小时候的泰拉并不是讨人喜欢的漂亮孩子,她又高又瘦,常常成为同龄人嘲笑的对象,甚至哥哥达文也三天两头地欺负她。但是进入少女时代后,丑小鸭变天鹅的故事又一次在泰拉身上重演,她逐渐出落成一个性感美丽的女孩。1991 年,本应进入大学的她与巴黎的模特公司 Elite Model Management 签约,并前往巴黎开始了她的模特生涯。其实泰拉并非传统意义上的美人儿,但她身材高挑性感,五官轮廓分明;更为重要的是,她非常善于将魅力传达出来。无论是在平面照里还是在天桥上,她总能淋漓尽致地表达出摄影师和设计师需要的形象:或性感撩人,或活力飞扬,或冷艳逼人。她也许没有精致清秀的面庞,但她令人印象深刻,一见难忘。这除了要归功于她那双顾盼生辉的大眼睛外,恐怕主要还是出于她的努力和对事业的执著,还有她那上帝较少赐予美丽女人的天赋:聪明。她曾透露自己用了好几年的时间研究自己最上镜的角度,甚至尝试磨练演技。泰拉在时尚之都巴黎的模特儿事业发展可谓一帆风

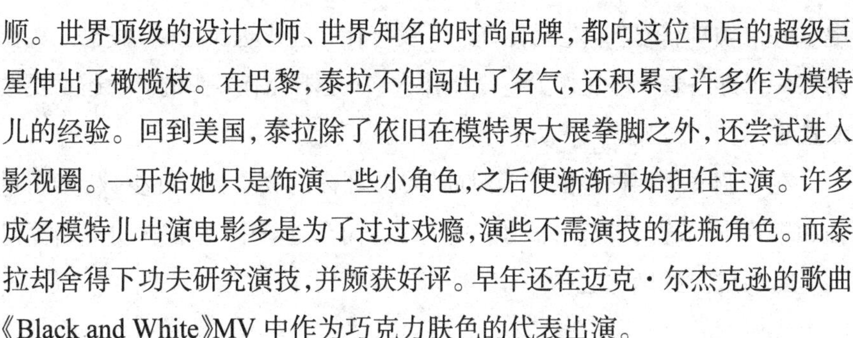

顺。世界顶级的设计大师、世界知名的时尚品牌，都向这位日后的超级巨星伸出了橄榄枝。在巴黎，泰拉不但闯出了名气，还积累了许多作为模特儿的经验。回到美国，泰拉除了依旧在模特界大展拳脚之外，还尝试进入影视圈。一开始她只是饰演一些小角色，之后便渐渐开始担任主演。许多成名模特儿出演电影多是为了过过戏瘾，演些不需演技的花瓶角色。而泰拉却舍得下功夫研究演技，并颇获好评。早年还在迈克·尔杰克逊的歌曲《Black and White》MV 中作为巧克力肤色的代表出演。

虽然出演了几十部电影，泰拉最后还是将事业的重心放回了模特界。毕竟 1 米 79 的个子使她不适合大多数女主角的身材。但她不甘于仅仅扮演超级名模的角色。她开办了自己的公司，开设了自己主持的电视节目，出书，并积极进行慈善活动。《时代》周刊在将她评入“对世界最有影响力”的名单时，对她职业的描述是：超级名模、商人及节目主持人。对于拥有头脑的女人，好运似乎也特别眷顾于她。泰拉在这几个领域都可算是顺风顺水。作为超级名模，她已经在时尚界奠定了无可动摇的地位。作为商人，她的公司 Tygirl Inc 经营良好。作为节目主持人，她的谈话节目及红牌选秀节目《全美超级名模》更是红透半边天。毫无疑问，在时尚界谈论起泰拉·班克斯，人人都知道你在谈一个处于辉煌中的成功女人。

是的，泰拉拥有闯荡时尚界的本钱：天资聪明乃至努力和运气。但她拥有的可不止于此，在时尚界泰拉的热情和坦诚更令她赢得了可贵的好人缘。她乐于和新人分享经验，扶持有潜力的新人。她在《全美超级名模》中的评论虽有时尖刻却大多是值得新秀一听的经验之谈。作为一个“圈内人”，泰拉所拥有的另一个难能可贵的东西是良好的生活习惯。她从不喝酒，也不过度减肥，并保持着健身的习惯。一起合作的人评价工作起来的泰拉是非常严肃、苛求、拼命的。她把班克斯品牌定义为“能够达到的白日梦”，班克斯是致力于通过工作和毅力来使梦想成真的人，女性，尤其是年轻女性对于自我的掌控权，才是班克斯真正希望能够达到的白日梦。

她的妈妈很早就教她，要长远地看问题。班克斯现在有时候也会想，有一天，她不再出现在镜头前的样子。“人们不可能永远想看我的脸。”她喝了一口咖啡，说道，“花无百日红。没有什么能永远长存的，我也一直在为那一天准备着。但是作为电视制作人，却是不会有尽头的。我还是要做掌控者。”

在强调文化多样性的欧美时尚界，非洲裔的成功者不在少数，杂志封面和银幕中闪耀的“黑珍珠”也并不少见，而在这其中，泰拉·班克斯算得上是最为耀眼的珍珠之一。

逐梦箴言

一个人能否成功，并不在于外表和肤色，而是在于内在的信心和努力。

知识链接

模特经纪行为公司种类

1.直接签约model的纯模特经纪公司：这种公司直接面对职业模特，就是说，你上去面试，直接看表现，就像工作应聘一样，如果达不到他们要求的就out。

2.摄影机构兼顾模特经纪行为：这些通常都是一些摄影工作室或者摄影公司，在长期的工作当中积累了大量的模特资料，当客户需要找模特的时候，可以直接给客户提供模特资料。

3.演出机构及文化传播公司：这种机构一般涉及的面会比较广，例如演出、活动策划等商业表演活动，当中有一些实力比较强的，就会开展很多附属的分支产品，例如活动当中需要表演的，就会开展演艺培训班；需要礼仪的，就会开展礼仪培训班开发自己的礼仪队；需要模特的，就会开展模特培训班，开发自己的模特队。

■ 丑女也疯狂

在模特的世界里，并不都是十全十美的天仙，也有并不完美的“丑女”。成为一个成功的模特，不仅需要出众的外貌身材和一个好人缘，更需要能让自己脱颖而出的“特性”，让人过目不忘，才不至于被淹没在芸芸众生中，昙花一现。

说到丑女超模，梅格达莱纳·弗莱克维亚科(Magdalena Frackowiak)位列其中。她有一张无数人都想削去的大方脸，高鼻梁，仔细看好像还有点斗鸡眼。关于这个波兰姑娘，你可能已经是第无数次听到别人表达对她走红的不理解了。不过，看似“其貌不扬”的她却有着一双又细又长的傲人美腿和纤瘦的身材。个性独立的她，在完成学业之前，无论经纪公司和品牌如何邀约，都坚持只做业余模特。过目不忘的一张脸，加上完美的身材和鲜明的个性，使她的模特之路越走越顺。另外一位出生于乌克兰的 Alla 长了一张“男人”脸。额头宽，下巴方，棱角分明，双眼深邃。身材比例并不算完美的她，虽然走秀效果并不出挑，却凭着一张立体且极富个性的脸，和天生的滑嫩好皮肤，深得化妆师的喜爱，可塑性极强。所以，除了服装大片之外，这位模特的美容大片也拍了不少，可谓全方位均衡发展。丑女超模，用自己的独特颠覆着时尚界对审美要求的精致传统。

我有个长相不够标准的朋友，是一名女地产商。在这样的小城，在商圈，她游刃有余，叱咤风云。她最爱说一句话：老天爷手里有很多宝贝，哩哩啦啦，不给你这个，也会给你点那个，就看你怎么去抓。

20多年前,她是一个性格腼腆、寡言少语的小女孩。

读书时,我们是同学。她由其他学校转来我们的班级。小个子,罗圈腿,干干瘦瘦,黄头发,黑黄的皮肤,高颧骨,两只大大的眼睛嵌在瘦小的脸上,整个人给人一种风吹会倒、营养不良的样子。她被安排在我的前座。老师介绍她时,我听到她的名字和我只差一个音,所以主动熟悉起她来。我的同学们都私下议论她的长相,我却不以为然。我们就那样走近了,一晃20几年。曾经一起吃一碗蛋炒饭上学,一起说笑着拉手放学,一起议论讨厌的老师和喜欢的同学。她话不是很多,也很少谈及家庭。

毕业后,我们都留在了家乡。她在一家木工厂做临时工。期间从没有听说过她喜欢谁或被谁喜欢过。到了当嫁的年龄,她最频繁的相亲经历,是一天之内见了六个男生,结果都是不了了之。

有一天,她来找我,说要介绍个人给我认识,他的男朋友。我见了,一个长相普通、衣着邋遢的男人,简单介绍后,我们只礼貌性的点点头。不知道是因为拘谨还是互相不欣赏,我没有和他多聊。跟她说我不喜欢那样的男人,她也只是笑笑。不到半年,她们结婚了。新房是男方父母的一间老房子,家用也是极其简单。在婚礼当天,我从人群里的议论声中听到了她的家事:"这姑娘也真命苦,长得不漂亮,还从小就摊上个精神病的妈,要不然也不至于嫁得这么寒酸。"

婚后三年中,她生子、下岗,丈夫也是靠打零工维持家用,日子过得紧紧巴巴。期间她也尝试过去做服务员、导购一类的招聘,但是这些职业大多以貌取人,她都被拒之门外。失业在家,她就一边带孩子一边报了成人自考,会计专业。

突然一天她给我打电话,说接手了一家音像店,已经运营两三天了,而且生意不错。

我很吃惊,之前从来没有听说她有什么做生意的打算,也没有听她说过她接触过音像行业,怎么就这么迅速的开店了呢?

晚上去看她,听她说,在下岗后的一段日子,她一个人带儿子,偶尔的就到家附近的音像店租动画碟给孩子看。每次来她都逗留的时间比较长,因

为小孩子喜欢这里，总是要多玩一会。一来二去的，她和店主熟悉了起来，也发现店里的顾客比较多。近一段日子，那个老板在外地的老父亲得了脑血栓，需要人照顾，老板忍痛割爱准备兑出音像店。她知道消息后，拜托老板封锁消息优先考虑她，结果老板只给她两天时间去张罗钱。结果，两天内她四处张罗，筹够了一万八千块的接手费。这一万八，当时对于她来说，是不吃不喝，家庭三年的全部收入。有时说起当时的决定，她说她绝对不是贸然决定。她认真想过，如果失败，不过是把日子过得再紧吧点，多一些还债的压力，可如果成功了，增加的是收入，改变的是生活。先做起来，做不好也比在思前想后中失去机会强。她说："我想我可以。"

她就那样撑起了小店。到外市选货、订货，回来后摆货、卖货。5 年的时间，音像店的收入让她买下了音像店的房产权。2000 年的时候，音像店已经做到了连锁经营，批发兼销售。

一个身高不足 150 公分，体重不到 80 斤的小女子，似乎用勤奋获得了成功。而故事到这里，不过是一个章节。

2003 年的时候，一个老顾客来店里选 CD，闲聊时顺嘴拜托她一件事，想找个学历和经验都有的会计专业的人，为他的公司服务。那是一个外地来投资的地产开发商。

你知道她做了什么决定么？她对那个人说："你看我怎么样，我手里有会计资格证，而这些年我一直经商，不知道在你看算不算社会经验？"

那个开发商只当她在开玩笑，她却说她是绝对的认真的。店里的一切已经在轨道之上，而且老公也可以帮忙打理。事后她说，当时的市场环境，音像行业已经前景黯淡了，她正准备寻找新的商机。

开发商看着眼前女子，思考了一下，然后笑了，说：我知道你想在我这里获得什么，我可以给你学习的机会，甚至可以发展成为合作关系，但前提是，你要拿出你的本事。"

她回答说：我想我可以。

2005 年的时候，她的嘴里已经说的都是关于房地产的相关法规，选址设计，工料之类的地产业内语言了。

2006年,她整体卖出原有资产,在原实习老板的帮助下,融资,获取资质,注册公司,她的地产公司开业了。从考察市场,选址设计,申报施工,交房验收。她以一个女性的特质,细思亲为,力求平稳中追求卓越和完美。现在,她公司开出的楼盘已经成为一种优居标志。现在认识她的人,也偶有说词她的容貌,可更多的人钦佩她的能力,艳羡她的资产。

她有时候笑谈,说其实很小的时候就知道很多人对她的长相议论纷纷。回头想想,如果不是这样的外表,老天给她塑造容貌时稍微用心一点,她可能就不会是今天这样了。可能和大多数女人一样,朝九晚五的工作,平淡的生活。爹妈给的外貌难以改变,可是我可以用能力改变自己的生活。我想我可以。我相信自己。

正是外表的不足让她捕捉机遇,挖掘潜力,勤力而为,才在自己的事业上取得了辉煌的业绩。

她的人生,如神话一样。从一个因为长相不达标而草率嫁掉的女孩子,从一个给孩子买包饼干都要掏空家里所有口袋的下岗女工,到地产女王,她用勤奋和智慧把上帝在容貌上给她的缺失弥补了回来。

奇迹,不是听来的,而应该是创造出来的。相信自己,付出努力,发挥优势,弥补不足,把握机会,不惧怕失败。成功,垂手可得。

《是金子,总会闪光》里有这样一段话:沙砾羡慕碧玉青翠欲滴价值可观,却没有意识到自己终能成就平坦大道和万丈高楼;小鸭羡慕白天鹅洁白无瑕万般美丽,却不知道自己正焕发出独特的风采。

是的,是金子总会发光,可发光的不只有金子。每个人身上都有自己独特的东西,相貌身材不同、行为思维不同、修身感悟也不同。这就决定了其禀赋和价值也不会相同。T台宠儿也曾经因为自己的"与众不同"而受欺凌,被歧视,饱受嘲弄。今天,却能够在T台上发出耀眼光芒,从自卑走向自信,获得成功与快乐。她们告诉我们,要爱自己,并相信自己的独特与美丽。勤能补拙,感恩与珍惜,会让你的灵魂释放钻石一样的光芒。

逐梦箴言

你是否也曾经在世俗的眼光中自卑的低下了头？是否因为前路充满荆棘而停下脚步？是否因为别人的嘲笑而轻视自己？是否因为得不到认同而放弃了坚持自己的梦想？请再坚持一下，请再等待一刻，请再向前多走一步，执着的追求美好的生活。

每个人都是一束光，总会有一个舞台，因为你的存在而更加炫亮。

知识链接

展演意义

时装表演中的动作是为了表现服装，是服务于服装的。时装表演与其他艺术的最大区别就在于，它的表演技能是为服装的艺术效果服务的，时装表演中的动作就是将生活中的动作加以改造、修饰、提高、美化，再将它们自然流畅地在表演中表现出来，使动作既源于生活又带有艺术的特点，形成模特专有的形体语言。一名时装模特，仅仅有良好的形体条件是不够的，只学会了表演动作也是不够的。因为服装是千姿百态的，服装设计师在设计每一件服装时，设计主导思想是不一样的，所要表现的服装内涵也是不一样的。如果说设计师只有通过服装把人内在的精神气质、风格神韵展现出来，才算是最有灵性的作品设计的话，那么模特在表演中，也要通过适宜的精神气质、风格神韵把服装的特定个性展现出来，才能算是最有灵性的表演。因此，时装模特就要善于发现服装的内在生命力，并通过自己形体语言的变化，各种造型姿态，将服装的内涵表现出来，并传达展示在人们面前。人们通过服装模特的展示表演，感觉到这种生命力所在，并由此感受生活、感受美，这才是时装模特所应达到的最佳境界。

智慧心语

人生无论在极坏的时候或是最好的时候，总是美的，而且向来是美的。

——德莱塞

深窥自己的心，而后发觉一切的奇迹在你自己。

——培根

有信心的人，可以化渺小为伟大，化平庸为神奇。

——萧伯纳

如果漂亮的脸蛋是份推荐书的话，那么圣洁的心就是份信用卡。

——布尔沃·利顿

无论何时，只要可能，你都应该“模仿”你自己，成为你自己。

——莫尔兹

第四章

适时转身

马艳丽

导读

理智的放弃胜过盲目的执着。适时放弃是一种智慧。放弃是面对生活的真实，认清挫折，明智地绕过暗礁，避凶趋吉，顺应时势，善应变化，及时调整自己的方向、方法，让自己理性地抵达阳光的彼岸。敢于放弃，是一种明智的选择，是一种人生的境界。学会放弃是一种人生哲学，更是一种生存智慧。学会放弃，将有助于在前行的路上成为更大的赢家。

学会放弃

当今社会，人们变得越来越贪，什么也不愿放弃的人，最终什么也不会得到。

央视的“开心辞典”节目，每过一关主持人王小丫总是问选手，继续吗？如果继续可能有两种结果，一种是成功，可能实现更大的梦想；一种是失败，返回到你原来的起点，已有的梦想会得而复失。一位选手很幸运，一路答对了9道题。但去掉个错误答案、打热线给朋友、求助现场观众，他都用过了；自己原定的家庭梦想他都已经实现。王小丫问：“继续吗？”“不，我放弃。”他说。“真的放弃吗？不后悔？”王小丫一连问了三次。他连犹豫都没有，笑着答道：“不后悔，因为应该得到的我已经得到了。”

有个小宝宝，伸手到一个装糖果的瓶子里，尽可能多的抓了一把糖果。当他把手收回时，手被瓶口卡住了，他既不愿意放弃糖果，又不能把手退出来，急的哇哇大哭。爷爷劝他说：“宝宝，只拿一半，让你的拳头缩小一些就很容易出来了。”在生活中，有时候只有放弃才能得到。如果只想获得，不懂放弃，也许会失去的更多，或者什么也得不到。

一个远行者一路上发现了许多珠宝，便沿路拾集过去，开始他为自己的幸运而欣然自得，但渐行渐拾，终因不堪重负而饮恨途中。

一场灾难来袭，村子里的人借由一只小船逃离。最后一个来到的人，身上背了一个包裹。想必那都是重要物件。而小船明显容不下那样一个包裹了。撑船的人喊着让那人丢了包裹赶快上船。他使劲的拽着包裹，犹

豫不前。撑船人着急的催促他，叫他丢了包裹快点上来。他还是不肯。眼看危险就来了，撑船人急了，其他人也一起催他快点丢了包裹上来。他央求大家允许他把包裹带上船，他说他的老婆已经死于灾难。这包裹里都是老婆做给他的衣物，还有他们共同生活的一些见证物件。撑船人问他："不丢包袱上船，你想连累这一船人忐忑不安？还是你带着包袱留下，独自面对危险？"

一只倒霉的狐狸被猎人的捕兽夹套住了爪子，它会毫不犹豫地咬断自己的小腿而逃命。事实上，很多时候我们放弃的都不是生命的小腿，就如同逃难者背上的包袱，只是一些难以摆脱的所持和欲念，也可能是一时难以割舍的虚荣。选择放弃需要的不仅是勇气，更多的是对人生的透彻感悟和一种超然的境界。学会了放弃，人生的境地也许会豁然开朗。我们后退了一步，却获得了更高的跳跃，就像放弃了浮躁，我们靠近了生命的真实；放弃了安逸，赢得了挑战的成功；放弃了物质的迷恋，获得精神的富足和心安理得……

人生于世，免不了有追求的欲念，有许多割舍不下的东西，诸如金钱、权力、地位和安逸的生活、优厚的待遇，无不让人心驰神往、孜孜以求。

而天下的好事很少能让一个人占得齐全，有所得必有所失，鱼和熊掌从来难以兼得，所以生活的智者一定及时清理生命旅程的背包，不会让杂物积陈成为累赘。

马艳丽，内地著名模特，从运动员到T型台，成为1995年上海国际模特大赛冠军。典雅的东方气质中透着迷人的现代气息，无论是T型台上还是台下都是人们目光的焦点。从名模到演员、设计师，马艳丽成功完成了自身形象的转换。许多设计师把马艳丽当成中国的辛迪·克劳馥。

事实上，除了名模、设计师这两个身份，很少有人知道马艳丽曾是皮划艇世界冠军种子选手。1986年，马艳丽考入河南省周口市体校排球队，开始了运动员生涯。3年后被特招到河南省水上运动学校，成为一名皮划艇运动员。皮划艇比赛是一项能够给人很大美感和愉悦享受的运动，它既有激烈的对抗和竞争，也有运动员完美发挥技术时展现的运动之美和韵律之

美。观看比赛的时候，观众能欣赏到运动员矫健的体形，有力的动作，漂亮的舟艇在激流中划过的轨迹。再加上人体所必需的阳光、空气、水三大要素，无不给人以美的享受。1993 年，作为当时河南省最优秀的皮划艇运动员之一，教练及队员们都将马艳丽视作全国七运会夺金热门选手。但就在马艳丽备战七运会、参加训练营地最后一场比赛时，意外发生了："在我们的艇快接近终点的时候，紧跟我们身后的皮艇的桨突然脱落，前后两只皮艇重重撞到一起，我和队友直接翻进河里。因为速度太快，桨撞到了我的腰。"等队友把马艳丽从水中捞上来的时候，她已不能动弹。经医院检查，她受了严重的腰伤，必须住院治疗一个月；她的夺冠梦想也彻底破碎。

这件事情让马艳丽一度消沉，家里怕她憋坏了身体，劝她去上海散心。正是这样一个机会，让马艳丽与 T 台结缘。她一路过关斩将被"上海时装公司模特队"录取，成了一位职业模特。在这个模特队李她是"最能吃苦"的女孩，当时每个月只有三百多元的薪水，租住在简陋的平房里。

但是，在随后举行的 1994 年世界模特大赛中，马艳丽居然成功地从一千多名参赛选手中杀进前 20 名。但因为没想到能进决赛，比赛前她才发现自己没有礼服，虽然公司马上去定制，但仍拖到开场前五分钟才拿到，"都没看清那件衣服是什么样子的，急急穿了就走上了舞台"。结果，初出茅庐的马艳丽居然一路过关斩将，最终获得了国际模特大赛的冠军。

或许是受皮划艇冠军梦中途夭折的影响，站上模特事业顶峰的马艳丽一直思考着自己未来的事业规划，并最终选择急流勇退，成为一名服装设计师。2003 年马艳丽开创了自己的 Maryma 高级时装定制品牌。

她是中国第一位国际模特大赛的冠军、中国第一位"十大名模"评比的冠军、中国第一家模特经纪公司的首席签约模特、中国模特界的第一位青联委员、中国模特创建时装品牌第一人、中国模特界成功举办个人专场时装发布会第一人。"MarymaSERIES"品牌的创始人、艺术总监及北京马艳丽高级时装有限公司董事长，成功开创 MARYMA 高级定制系列。马艳丽和她的高级时装定制中心长期以来备受各界关注。她作为幸福工程形象大使关心关爱救助贫困母亲，而且作为第十届全国青联委员更是热心各种

公益活动，同时还积极支持、捐助大学生校园活动，在广大学生和青年当中，树立了牢固、正面、健康向上的形象，被誉为美丽、成功的时尚青年女性代言。

“我觉得无论从事什么行业，无论做什么事情都不要盲目，要有目标，挖掘自己的潜力。即使在最风光的时候也要想到，自己的下一步要怎么走，自己的特长是什么，学自己感兴趣的，能掌控的，不要看别人学什么自己也一窝蜂地去，这很盲目。”

在许多人眼里，能够站到一个万众瞩目的位置上，是一种无上的荣耀，但凡不是到了山穷水尽的地步，绝对不应该轻言放弃。而马艳丽却选择了适时转身，不被眼前之景束缚，懂进退，知舍得。我们曾有多少次站在人生的十字路口上，无论愿不愿意，都要面临诸多选择。有选择就有放弃，趋利避害是人的本能，现实中有很多事情要我们迎难而上，奋力拼搏，才能取得最后的胜利。但如果目标不对，一味地流汗，只意味着是一种无谓的牺牲。俗话说，“别在一棵树上吊死”，“别钻牛角尖”。话虽粗俗，理却真切，须知，学会放弃，是一种自我调整，更是人生目标的再次确立！

逐梦箴言

能顺应时势，善应变化，及时调整自己的方向、方法；看清自己的现状，用客观的眼光认识世界，相应调整自己的行为，是通往成功的必备技能。

知识链接

服装高级定制

在服装业中，服装高级定制可以算是一个最古老的制作方

知识链接

法。从开始有裁缝的历史起，服装都是根据个人量体裁衣，然后由裁缝根据尺寸定做。不同的人都有不同的做法。因此，一般来说，每件都是个性化的。但现在，服装定做已经作为提升自身形象的一种方法，也成为区别他人的一种标志。作为新富阶层的一种时尚，现在的高级服装定制主要服务于都市白领、城市新贵以及讲究品位和个性的人物。服装高级定制可细分为量身高级定制、个性化高级定制、奢侈高级服装定制三种。

从山上下来

有人问刘墉:"从您的书中得知,您曾经担任台湾某电视台的节目主持人,而且业绩突出,可在事业达到峰巅时,您毅然选择了离职,到美国去做美术教员。这在一般人是很难理解也很难做到的。您当时是出于何种考虑?"刘墉回答:"道理很简单,就好比一个人登山,历经千辛万苦达到巅峰时,唯一的选择只有下山。一方面,是开始走下坡路;另一方面,如果想登另外一座山,那么,首先要做的就是从现在的山上下来。我无非是想多登几座山,从不同的高度看看风景。"

作为一名职业模特,基斯娅·达·科斯塔对于自己能入选巴西奥运代表团参加伦敦奥运感到激动。30岁的科斯塔在布宜诺斯艾利斯举行的拉丁美洲资格赛上以第5名的成绩获得奥运参赛资格。她说:"我非常高兴,我实现了参加奥运会的梦想。我期盼奥运会的开始。"

根据科斯塔的参赛纪录,她是在2007年初登国际赛场,当时她与3名巴西队友参加了女子四人双桨比赛。而她首次征战女子单人双桨国际比赛则是在今年的瑞士卢塞恩世界杯,当时她获得第9名。科斯塔告诉记者:"在世界赛场上比赛与在巴西比赛完全不同,毕竟国内公开级的女赛艇选手不多,所以我在世界杯上学到很多。"

虽然已30岁"高龄",但科斯塔不满足于仅是参加伦敦奥运会。她坦言,自己对将在家门口举行的2016年奥运会充满了期待。她说:"我要为里约奥运会提高自己的水平。4年后,我想在家乡夺得奖牌,我将为这一目

标努力奋斗。"为了实现梦想,科斯塔已停止了模特生涯。

一位曾经的市长助理,辞去公职孑然一身去创业,连注册资金都凑不够。10年后,他不仅将企业带入了"亿元俱乐部"行列,并且带动了一个产业链的升级改造。一个喜爱艺术,用理想和浪漫主义来经营企业的企业家。他把曾经走过的路比喻成登山的过程。

辞去公职,下海经商,尽管当时身边很多人不理解,但是他并不是冲动行事,更不是先天能量充沛,应该说这是经过深思熟虑的选择。他明确企业的经营方向,并坚信这是一个富民的产业,一个朝阳产业。他是一个愿意与百姓直面多过在会议上发言的人。大大小小的会议,没完没了的口号,仕途渐渐让他感到茫然。到底该追求政绩还是做到实处多为民众创利的抉择,他每天都在思考。

他对人生的感悟,竟与刘墉的想法相同:人生如登山。你登上了一座山,如果还想登更高的山;或者山上的风景并不是你之前期望的,只有从此处抽身,下得山来,才能够再登新山,领略别样风景。

他在担任市长助理前已经在号称中国辣椒镇的东北某镇任党委书记,主抓辣椒产业。4年间,他将当地的辣椒产量从几百亩做到了几万亩,再到后来的几十万亩。他深深地感觉到这是一个朝阳产业。政府重视和协助固然重要,真正想把事情做好,还需要经济实体去落实。然而在与企业的接触中,要么是企业想做没能力,要么是有实力却不看好这个产业。这时,省里出台了一个文件,鼓励副处级以上干部创办企业。对辣椒产业的感情和经验,使他决定自己做,把自己经营辣椒的模式和想法付诸实践。

明确了企业要做什么、有什么问题后,他下一步落实的是应该怎么做的问题。

管理学家托马斯·彼得曾讲过:"一个伟大的组织能够长久生存下来,最主要的条件并非结构形式或管理技能,而是我们称之为信念的那种精神力量,以及这种信念对于组织的全体成员所具有的感召力。"

集团的创业历程是一个"赔"出来的企业艰难发展的故事。在集团经营的第一年,按照现代农业信用制度,集团与一千多农户签订了辣椒生产

收购合同,确定了收购保底价。然而,当年辣椒行市暴跌,如果按照当初与农户签订的价格收购,1斤就要赔几毛钱,不少椒贩子自毁协议,退避三舍。怎么办?按合同收购,二三百万元将血本无归;不收,身后是一千多户椒农、几千家属眼巴巴期盼的面孔!他以个人信誉求得57名公务员联名用工资担保贷款208万元,兑现了全部合同。经营第二年,由于美国种苗提供商的包装错误,出现了一批非集团种苗,集团通过与外方的交涉,终于为八百多户椒农争取到了405万元的赔款,并顶着风险先期全额代为垫付。

他用理想和激情去实现一个又一个的企业目标;用脚踏实地的精神解决企业发展中的问题和困难,洞察市场机遇;健全管理机制,崇尚自然,按规律办事。

他很重感情,更是将感情作为企业管理的基础。他将企业发展分三个阶段:一是感情阶段,二是利益阶段,三是道德阶段。第一个阶段必须打造好。他把每一个员工、每一个合作伙伴都当做家人和朋友对待。对待员工,解决他们的实际困难,给他们提供平等的升职机会,让员工对组织有一种归属感、一种依赖、一种寄托。

虽然也经历过创业的艰难,他的战略决策没有错,在这个朝阳产业中,集团顺利前行,仅用4年的时间就实现了企业成立之初设定的用10年时间打造"3个1"的目标:资产1个亿,产值1个亿,销售收入1个亿。在如今企业的产值和规模都已经达到4个亿的基础上,他给集团又定下了再用10年实现"3个百"的目标:市值、资产、销售收入都达到100亿元。

敢提出100亿元的目标,是不是有些好高骛远?因为随着企业的逐步发展壮大,越向上走会越艰难,其复杂指数是呈几何倍数增长。这也是绝大多数企业停留在中小企业的阶段,难以实现跨越式增长的原因。而他认为,企业发展要突破天花板的路径之一就是打造永远的朝阳产业,集团是通过辣椒种植快速崛起并成为行业领先者的,要打造永远的朝阳产业,就必须不断地引入活力与创新,开辟产业蓝海。

于是,他的集团利用领先的研发能力和资金实力,将产业链的上游延伸到全产业链模式。其产业链包括辣椒种子培育、种植、收购、加工、销售、

食品、化工、科研八大内容。其产品涵盖了从初级产品的辣椒种苗、干鲜(冷冻)整椒、辣椒颗粒,到中端产品——辣椒酱系列,以及高端产品辣椒红色素及辣椒精。

如果一定要给他的企业家风格一个定位的话,那么他不是战场上的斗士,而是一位在理想的道路上不懈追求的行者。不管是全产业链模式,还是对行业蓝海的探寻,他和他的集团都在朝着新的目标努力着。他坦言,不管下一个10年能否实现100亿的目标,他都会在55岁时退休,开始过自己的"第二人生"——研习写作和书法艺术。也许正是这种拿得起、放得下的大气成就了他的企业家精神,成就了集团的今天。

从一名公务员到企业家,这位集团老总从一座山上下来,爬上了另一座山,那是一种放弃的智慧。

逐梦箴言

一提到放弃这两个字,人们往往会和无能、懦弱、失败联系在一起。其实,仔细想一想,放弃不等于输,它正是提供赢的机会;放弃不等于懦弱,它需要勇气;放弃不等于失败,它是在为以后的成功奠基。现实生活中,学会适时地放弃确是一种大智慧。

知识链接

模特经纪人

模特经纪人要负责模特的基础培养到最后包装,并经过市场推广到客户那儿,能够让公司的模特成为各种品牌的形象代言人和各种品牌的时装发布会上面的世界超模,能够成为明天的明星。想成为明星的制造者、包装人的幕后英雄,模特经纪

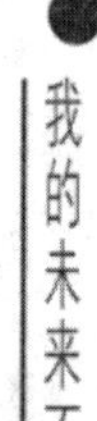

知识链接

人并不简单。模特经纪人是全能的复合型人才。所以做好经纪人比做模特还难。一位模特的好坏和市场认可率的高低,完全取决于一位经纪人是否在培养、包装、市场上的作为。另外,像欣赏和推崇一件艺术作品一样,模特经纪人在模特的推广上要有激情和主动性,过于平和的心态会与模特经纪人这一职位失之交臂。

■ 布德里的回信

在一定的条件下，放弃也可能成为成功的捷径。“条条道路通罗马”，此门不开另开门。寻找到于自己才能匹配的新的努力的方向，就有可能创造出新的辉煌。

6月6日，这个通常被认为诸事大顺的日子，对于一个婴儿的出生却充满波折。小小的躯体，在母体里折腾了一天一夜，就是不肯出来。那是在一个山沟里面，被难产折腾的母亲已经精疲力竭，接生的大夫汗流浃背，眉头紧蹙，一会摇头叹气说听不到胎音，一会又说孩子肯定已经被憋死了。当准备把刚分娩出的女婴当做已经死亡的小孩处理时，她仿佛充满抗议的发出了生命里的第一声啼哭。

她是于娜。

小女孩一点一点的在长大，她喜欢上了跳舞，尤其是民族舞。那个时候的小学生经常写一种《我的理想》的作文，于娜总会在自己的作文里写上：“我长大了要当一名舞蹈家”。这是于娜的梦想。小姑娘总是想象着自己在舞台上旋转跳跃的样子，甚至仿佛听到了观众为她迷人舞姿沉醉的掌声。为了梦想她刻苦训练，下腰、劈腿、旋转，每一个舞蹈动作都做到精准完美。

可是，到了初中，她的个子迅速长高，和同龄的孩子走在一起就像是高出人家两三个学级的大姐姐一样。因为个子高，于娜坐在班级最后一个座位，排队的时候也是站在最后的一个。练舞蹈时，1米74的她旋转在小舞伴中间，显得笨拙而突兀。于娜有些郁闷，她甚至抱怨自己为什么长得这

么高。

一个偶然的机会，于娜遇到了一个老师。老师告诉并教会了于娜很多模特的基本东西。当于娜发现模特跟舞蹈很接近时，有一天，于娜做了一个梦。梦见自己在T台上，有灯光、有音乐、有美丽的服装，跟在舞台上跳舞差不多。从那个梦开始，也因为身高的原因，于娜把对舞蹈的喜好转换为对模特的喜爱。

1998年，于娜的个子已经长到1米78。她参加了重庆世界拳王锦标赛礼仪小姐选拔赛，凭着本色表演竟然第一次参加比赛就获得了十佳的好成绩。

于娜天生就有一种夺人心魄的美，尤其是那浓浓的望穿秋水的“眼之魅”。她的生存仿佛就是一个渲染美的过程，每一个举动都都透射出于娜本我的光彩，哪怕是不经意间的举手投足。即使是脂粉未施，穿着最普通样式的牛仔裤，她依然是人群中最耀眼的一个。

一番努力之后，于娜在新丝路中国模特大赛上获得了冠军，还在世界超模大赛中获得了“最佳亚洲形象奖”。但这些奖项的取得，并没给于娜带来什么便利。按理说，参加了世界超模大赛，并且荣获大奖，于娜已到了一个很高的高度。当时于娜也觉得离自己想像的目标不远了，可是到了法国之后，到了一个陌生的环境，谁都不认识，一切都靠市场说话。于娜感觉自己就像一个推销员，天天抱着自己的资料到各个地方去推销自己，做模特的都很年轻，十八九岁，刚从校园出来，有些还没有走出校园，就像一群小孩被放到了大森林里去，去自生自灭，所以于娜觉得模特这个行业还是比较残酷的。在于娜看来，模特不属于纯粹的艺术行业，它更应该属于商业圈，而不属于文艺圈。模特和演员是两个圈子的人。虽然影视圈的竞争也很激烈，但是角色毕竟分多种，首先分男女，再分类型。而模特这一行就不是。从市场来说，每年的模特大赛，每年一个比赛就出1万多模特。模特秀的市场也不是很大。模特面临的是那种没有规律的竞争。因为这是一个新生的行业，还没有市场规律，不像电影已经有很久的历史，已经形成一种气候，不管怎么说都有一个完整的体系。当初她是由海岩推荐给赵宝刚的，最终走进了《拿什么拯救你我的爱人》剧组，该剧在全国各地电视台的热播，使剧中女主角罗晶晶的扮演者于娜也成为少男少女们心中偶像。

法国少年皮尔从小就喜欢舞蹈。他的理想是当一名出色的舞蹈演员。可是，因为家境贫寒，父母根本拿不出多余的钱来送皮尔上舞蹈学校。皮尔的父母将他送到一家缝纫店当学徒，希望他学到一门手艺后能帮助家里减轻点负担。皮尔厌恶极了这份工作，他为自己的理想无法实现而苦恼。皮尔认为，与其这样痛苦的活着，还不如早早结束自己的生命。就在皮尔准备跳河自杀的晚上，他突然想起了自己从小就崇拜的有着“芭蕾音乐之父”美誉的布德里为艺术献身的精神。他决定给布德里写一封信，希望布德里能收下他这个学生。

很快，皮尔收到了布德里的回信。布德里并没提及收他做学生的事，也没有被他要为艺术献身的精神所感动，而是讲了他自己的人生经历。布德里说他小时候很想当科学家，因为家里穷无法上学，他只得跟一个街头艺人跑江湖卖艺……最后，他说，人生在世，现实与理想总是有一定的距离的。在理想与现实生活中，首先要选择生存。只有好好的活下去，才能让理想之星闪闪发光。一个连自己的生命都不珍惜的人，是不配谈艺术的。

布德里的回信让皮尔猛然醒悟。后来，他努力学习缝纫技术，从23岁那年起，他在巴黎开始了自己的时装事业。很快，他便建立了自己的公司和服装品牌，他就是皮尔·卡丹。

由于皮尔一心扑在服装设计与经营上，皮尔·卡丹公司发展迅速，皮尔在28岁的那一年就拥有了两百名雇员。他的顾客中很多都是世界名人。如今，皮尔·卡丹品牌不仅拥有服装行业，还有服饰、钟表、眼镜、化妆品等等，皮尔·卡丹成了令人瞩目的亿万富翁，以他的名字命名的产品遍及全球。

皮尔·卡丹一次接受记者的采访时说：其实自己并不具备舞蹈演员的素质。当舞蹈演员，只不过是年少轻狂的一个虚幻的梦而已。如果那时他不放弃当舞蹈演员的理想，就不可能有今天的皮尔卡丹。

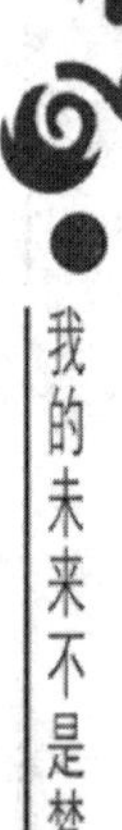

与皮尔·卡丹同样梦想成为舞蹈演员，却最终把梦想之花开在其他领域的另有其人。

逐梦箴言

当你面对两扇不知门内世界的大门，如果执着的敲击其中一扇，却无法打开，不如换一扇叩响试试。

知识链接

皮尔·卡丹 (Pierre Cardin) 品牌

遍及五大洲，皮尔·卡丹 (Pierre Cardin) 的创作从男装、女装、童装、饰物到汽车、飞机造型；从开办时装店到经营酒店，几乎无所不包。皮尔·卡丹拥有六百多种不同的专利产品，为皮尔·卡丹工作的人员达 17 万人，分布在近百个国家和地区。有人说，在法兰西文明中，有四个名称的知名度最高、地位最突出：埃菲尔铁塔、戴高乐总统、皮尔·卡丹服装和马克西姆餐厅。这其中，皮尔·卡丹一人竟然占了两项：服装和餐厅。这就是说，卡丹成了法兰西文化的突出象征。

■ 淘金不成就分金

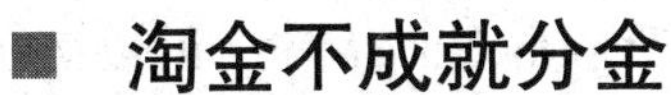

人都有惰性和惯性。面对舒适安逸的生活或者轻车熟路的工作，往往拒绝改变。当你习惯于行走在一条路线上时，总又有些转身的时候，可能是被迫中止不得不改变，也可能是想自我挑战想要尝试新的领域。

说到法国传统的香颂，总易使人联想到成熟稳重、文人气质的 Yves Montand，Juliette Gréco，或是才华横溢，擅玩文字游戏的 Serge Gainsbourg，Boris Vian，又甚至当今的才子才女 Vincent Delerm，Jeanne Cherhal。谁要把艳光四射的模特T台，与文学味浓郁的香颂相提并论，定会使人觉得不可思议。然而，奇迹就发生在国际顶尖模特 Carla Bruni（卡拉·布鲁尼）身上。Carla 自 2000 年开始进入乐坛，推出首张唱片《Quelqu'un m'a dit》即大受欢迎，销量超过 200 万张，并获法国最权威的流行音乐大奖—Les victoires de la musique 的最佳女歌手奖，并获最佳新发现大碟奖题名。连一贯挑剔的法国乐评都对 Carla 音乐赞赏有嘉，惊呼久违的传统 Chanson 重现。

1986 年，Carla 开始了她的模特生涯。同年，她被选为 GUESS 品牌的一名代言模特，之后，Carla 开始频繁出现在时装杂志的封面上，并为 Christian Dior，Chanel，Givenchy，Yves Saint Laurent 等多个名牌拍过广告和行过时装秀。1988 年，Carla 已经年收入 750 万，成为世界上年收入最高的 20 名模特之一。Carla Bruni 于 1968 年出生在意大利的都灵市。7 岁那年，Carla 随父母移居巴黎。Carla 的父亲是古典音乐的作曲人，母亲

则是现场演出伴奏的职业钢琴师。受父母的熏陶，Carla9岁的时候就开始学弹吉他。父母原想要她学弹钢琴，但她总是不成器。Carla是在萧邦，舒伯特和马勒的音乐声中长大的， 后来又爱上了法国香颂大师Serge Gainsbourg，Léo Ferré和Barbara的音乐，还有英国摇滚乐队Beatles，the Rolling Stones，the Clash和the Velvet Underground，美国的爵士乐如Muddy Waters和Ella Fitzgerald等。优美的旋律配以Carla Bruni典雅而感性的歌声，营造出一种忧郁、孤独而浪漫的气氛。2003年首张《Quelqu' a M' to Dit》以200万销量、获法国最权威音乐大奖。Carla用半吟半唱的方式唱出，正如轻声细语的讲述一个个故事。卡拉5岁时，她家族受到恐吓，于是一家移居法国，从此便在卡拉身上留下阴影。卡拉先后在瑞士和巴黎读书，19岁时当上模特儿。凭着高挑身材及迷人外表，卡拉迅速走红，90年代更是全球20位身价最高的模特儿之一。2008年与法国总统萨科齐结婚。同年随丈夫出访英国。

有一个裹入淘金大潮而另辟蹊径成就事业的人。他就是发明广为人知的牛仔裤的李威·施特劳斯。

李威·施特劳斯是德国的犹太人。抛弃了自己厌倦的家族世袭式的文职工作，跟着两位哥哥远渡重洋赶到美国来“发财”。

但是，现实并非李威想像的那样：这里淘金的人多如牛毛。淘金不是一件好做的事情！ 他是一个比较实在的人，心里盘算，做生意或许比淘金更容易赚钱。这样他就开了一间卖日用品的小铺。

从德国来到美国，一切都是新的——既新鲜，又是那样的生疏。要开好这个小店，他得向当地的美国商人学习做生意的窍门，学习他们的语言。犹太人做生意天赋极高，他们自从被赶出家园之后，在世界各地流浪很多年，就是靠他们高超的经商头脑，才在世界各地生存下来。

因此，他们的基因里就有做生意的长处，李威也不例外。

没过多久，他就成为一个地道的小商贩了。

一次，有位来小店的淘金工人对李威说：“你的帆布很适合我们用。如果你用帆布做成裤子，更适合我们淘金工人用。我们现在穿的工装裤

都是棉布做的,很快就磨破了。用帆布做成裤子一定很结实,又耐磨,又耐穿……”说者无意,听者有心。一句话就把李威点醒了,他连忙取出一块帆布,领着这位淘金工人来到了裁缝店,让裁缝用帆布为这个工人赶制了一条短裤——这就是世界上第一条帆布工装裤。

就是这种工装裤后来演变成一种世界性的服装——李威牛仔裤。

那位矿工拿着帆布短裤高高兴兴地走了。

李威已经考虑成熟了:立即改做工装裤!

成功人士的过人之处就在于能紧紧抓住很多偶然的东西,做出惊人的成就。

李威就是这样:帆布短裤一生产出来,就受到那些淘金工人的热烈欢迎!

这种裤子的特点是结实、耐磨、穿着舒适……大量的订货单雪片似的飞来;李威一举成名。

1853年,李威成立了“李威帆布工装裤公司”,大批量生产帆布工装裤,专以淘金者和牛仔为销售对象。

顾客的要求就像上帝的旨意,否则,就会在弱肉强食、优胜劣汰的市场中失去优势,甚至一败涂地。

李威对此是心知肚明的。从帆布工装裤上市的第一天起,他就没有停止过对自己产品进行改造的思考,哪怕是产品处于供不应求的状况,他还是不断从生活中发现问题,产生更新的创意。

他亲自到淘金现场,细心观察矿工的生活和工作特点,想方设法使自己的产品更能满足顾客的需求。为了让矿工免受蚊叮虫咬,他将短裤改为长裤;为了便于矿工把样品矿石放进裤袋时不会裂开,他将原来的线缝改为用金属扣钉牢;为了让矿工们更方便装东西,他又在裤子的不同部位多加几个口袋等。

通过这些不断的改进和提高,李威的裤子越来越得到矿工的欢迎;生意更加兴隆了。

后来,李威发现,法国生产的哔叽布与帆布同等耐磨,但是比帆布柔软

多了,并且更美观大方,于是决定用这种新式面料替代帆布。不久,他又将这种裤子改缝得较紧身些,使人穿上显得挺拔洒脱。这一系列的改进,使矿工们更加欢迎。经过不断的改进,牛仔裤的特有式样形成了,"李威裤"的称呼也渐渐改为"牛仔裤"这个独具魅力的名称。

李威本是众多淘金者中的一员,但他看到淘金的人太多,如此激烈的竞争,成功者肯定是少数,不如在这些人身上打主意赚点钱。这正应了那句话——全世界犹太人最聪明、最会做生意。东方不亮西方亮。淘金不成,可以选择"分金",这样的手段的确高明。

改变,可以像李威那样寻找机会在与之前相关的领域呼风唤雨,也可以像卡拉·布鲁尼凭借兴趣、特长,发掘优势另辟蹊径,开创新天地。

逐梦箴言

当你在某一条道路上行走,一路走来发现并不能够到达你期望的目的地;当你执着于某一项技能或事业,已经在这个领域及顶无趣;当你在某一种追求上已经明显感到力不从心,请尝试改变。

理智的放弃胜过盲目的执着。适时放弃是一种智慧,勇于放弃者精明,乐于放弃者聪明,善于放弃者高明。

要勇于变,善于变,及时变。此路不同,敬请绕行。该放,放。当止,止。锲而不舍,不是愚蛮的凿墙撞壁。适时转身,放下贪欲,绕碍而过。变,也是别样的获得。

知识链接

服装设计

服装设计是科学技术和艺术的搭配焦点，涉及到美学、文化学、心理学、材料学、工程学、市场学，色彩学等要素。服装设计是一个总称，根据不同的工作类容及工作性质可以分为服装造型设计、结构设计、工艺设计，设计的原意是指“针对一个特定的目标。”“设计”指的是计划、构思，设想、建立方案，也含意象、作图、制型的意思。服装设计过程，即根据设计对象的要求进行构思，并绘制出效果图、平面图，再根据图纸进行制作，达到完成设计的全过程。

智慧心语

刘墉经典语录

对已知的环境，做进一步想；对未知的环境，做退一步想。在人生的旅途上，前进固然可喜，后退也未不可悲，最重要的是：在前进时要知道自制，免得只能进而不能退；后退时则要知道自保，使得退却重整之后，能再向前行！

这世间许多"非常的成功"是以"非常的手段"达成的，那未动手之前的战略和构想，在一起时，就注定了他们的胜利。

上帝给每个人同样的时间，只有那事半功倍的人才能有过人的成就；也只有知道计划的人，才能事半而功倍。

我常常见到一些只寻进路、不想退路的笨蛋，他们根本做不到"知进知退"。

有的理想是可以实现的，有的理想是不能实现的。在人生路上，我们要战胜惰性，把握时间，去实现那可实现的理想。

第五章

等待和发现生活的转角

吉赛尔·邦辰

导读

人类有一样东西是不能选择的，那就是每个人的出身。而出身却决定不了整个的人生。“明天”不取决于“昨天”，而在于今天，无论生出什么样的环境都不要抱怨，因为确定奋斗目标，拥有坚定地信念，运用顽强的毅力，付出更多的努力，一切都可以改变。

■ 转角就在前面不远

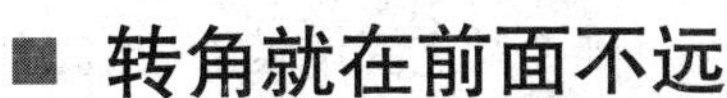

吉赛尔·邦辰(Gisele Bundchen)极具曲线美的阳光女孩,超级名模,2009 年至 2011 年连续荣登《福布斯》全球模特财富首富。

吉赛尔·邦辰出生于巴西的乡镇。最初,邦辰想成为一个专业的排球运动员,并希望能够为巴西队效力。当她还在上学的时候,因为身材高大苗条,所以她的同学、朋友习惯叫她"奥利弗"和"萨拉库拉"(巴西水鸟的一种)。1995 年,吉赛尔开始了自己的模特生涯。当时,吉赛尔正抓着一件大雨衣在圣保罗逛商场,正巧被模特星探发现。自从出道之后,邦辰成为时尚界的广告宠儿,代言了许多时尚奢侈品牌广告,并成为大品牌代言人。

她曾出现在妮维雅乳液的广告中,同时也做过大量巴西品牌的广告模特。著名品牌 C&A Brazil 使用邦辰做代言人,在电视上播放了广告之后,销售量直接增长了 30%。

2006 年 5 月,邦辰签署了另一个数百万美元的交易,与美国的巨型苹果公司合作。她主演 了 Get a Mac 广告,在广告中推销新的 Macintosh 线。

在 2006 年,Bundchen 成为了著名奢侈品瑞士钟表 Ebel 广告上的新面孔。

她还创造了自己的凉鞋品牌和鞋业有限公司 Grendene,名为 Ipanema Gisele Bündchen。《福布斯》2007 最强大名人排行榜上,邦辰高居第 53 位,主要因为她所开创的鞋业之成功,这项排名也使旗下品牌 Ipanema 成为巴西在国际上最畅销的品牌,,超越传奇的 Havaianas。一双 Ipanema 夹脚拖

鞋售价高达230美元。她在巴西南部拥有一家属于自己的饭店。

2007年5月1日，据报道邦辰已经终止了她与维多利亚的秘密的合约。截止到2007年7月1日，她在之前的12个月里赚了大约3300万美元。在《福布斯》杂志列举的收入最高15名模特中，她排名第一。一位美国著名经济学家，Fred Fuld，发布了一份股份指数报表，在这份报表中，他将邦辰的公司的收益发展情况与Dow Jones Industrial Average做了比较。据Fuld所述，吉赛尔・邦辰的股票指数在5月到7月之间增长了15%，大大超出Dow Jones Industrial Average 8.2%的增长指数。

在2009-2010经济衰退期间，她仍是收入最高的超模。

Suki，14岁的时候在牛津马戏团被星探发掘，从此走上了模特的事业道路。出道之日起，Suki Waterhouse就一直紧随时尚潮流，在国际舞台上展示自己的风采，并跨界成为一名演员；业余时间醉心于摄影艺术。年轻的心态加上不俗的品位令她赢得了众多赞誉。

"我很高兴自己不用每天呆在办公室，可以经常去不同的地方，尝试不同的角色，你现在所处的和将要前往的都是一个真实的世界，保持年轻才是核心。"

21岁的意大利姑娘Anna Zanovello是在两年前一次"陪朋友去参加"的选美大赛上被发掘的———顺便说一句，那次比赛她都没入围。

她最近被Vogue意大利时装主编Marilena Borgna钦点为杂志拍摄大片。

紧接着，Anna Zanovello又接连走了像Donna Karan、Dolce&Gabbana、MaxMara以及Theyskens' Theory这样的大牌秀。

不过，她的运气显然比她朋友好得多，就是因为那次选美，她被纽约最热捧的设计师Joseph Altuzarra邀请去参加2012春夏发布的走秀。Joseph Altuzarra对她的赞赏毫不掩饰，称她"激发了那场秀的妆容与发型方面的灵感"。这段故事的一开始，Anna Zanovello根本不知道Joseph Altuzarra真的是要她去走秀，而他先是让她换不同的发型和服装，走了无数遍之后，设计师说："好了，你会跟我去纽约走秀，而且是开场模特！"

生活总会在不经意时出现一个拐角。在拐角，你不知道会发生什么。我们来看一个故事：

有一位商人，他最早是子承父业做珠宝生意的，可是他缺乏父亲对珠宝行业的明察秋毫，没几年，他就把父亲交给他的全城最大的珠宝店赔光了。他以为自己不是缺乏经商的才干，而是珠宝行业投资大，技术性太强，风险太大。他决定改行做服装生意。他认为服装行业周期短，而且不需要太大的专业学问，肯定能成功。于是，他变卖了仅存的一些家产，开了一家服装店。过了3年，他的服装店已经再也没有资金进新款衣服，已有的衣服也因价格高于相邻商家而无人问津，他失败了。他意识到他不适合于更新太快的服装市场。当他以为一种新款刚开始流行自己马上组织资金进货时，同行们的这种款式已经开始淘汰了，他总是跟随流行的尾巴。

他变卖了服装店，用剩余的不多的资金，开了一家饭店。他想，这种简单的生意总不会再赔了。雇几个人做菜，客人吃饭拿钱，又不用多么大的流动资金。可是，他又错了。他眼睁睁地看着相邻的饭店里宾客盈门，而自己却门可罗雀。最后，连雇来的几个人也跑到别的饭店去了，只剩下他孤零零的一个人。

后来，他又尝试做了化妆品生意、钟表生意、印染生意，都无一例外地失败了。这个时候，他已经52岁。从父亲交给他珠宝店至今，25年的宝贵年华被失败占满。灰白双鬓使他相信，他没有丝毫经商的才能。

他盘算了自己的家底，所有的钱仅够买一块离城很远的墓地。他彻底绝望了。既然自己没有能力创造财富了，就买块墓地给自己留着，等到哪一天一命归西，也算有个归宿。

这是一块极其荒僻的土地，离城有5公里。有钱的人，甚至一些穷人也不买这样的墓地。

可是奇迹发生了，就在他办完这块墓地产权手续的第15天，这座城市公布了一项建设环城高速路的规划，他的墓地恰恰处在环城路内侧，紧靠一个十字路口。道路两旁的土地一夜之间身价倍增，他的这块墓地更是涨了好多倍。他做梦也没想到他靠这块墓地发财了。

他突然顿悟，自己为何不做房地产生意呢？说做就做。他卖了这块墓地，又购买了一些他认为有升值潜力的土地。仅仅过了5年，他成了全城最大的房地产业主。

富家子可能一夜间千金散尽，窘境中也可能因为一线生机而创造奇迹。自然景象有风和日丽的明媚，也有疾风骤雨的严酷。在人生的旅程中，既有一帆风顺，也有逆水行舟。经受风雨的洗礼，也必定会沐浴明媚的阳光。环境是变化的，今天遭遇逆境，明天也许就一帆风顺了。一个小小的机遇，可以改变一个人的命运，有很多时候，机遇就在生命的前方等待着，小小的一个转角，原本山穷水尽变得豁然开朗。关键的是要耐心地等待和发现。

也许你现在身处平庸或泥泞，而故事与 Gisele Bundchen、Anna Zanovello、Suki Waterhouse 几位模特的出道神话都给我们同样启示：出身决定不了未来，现在不等于永久。热爱生活，相信生活的美好，拐角就在前方。

逐梦箴言

不是所有的意外都会成为“伤害”。环境是变化的，今天遭遇的挫败和逆境，可能就是明天的契机，小小的一个转角就会“柳暗花明”。

知识链接

时尚造型师

为引领时尚的明星、名模、演员做时尚造型的一类人。通

知识链接

过自身对服饰搭配、化妆造型、色彩原理等基础知识的了解，加上对流行趋势的分析，对明星、名模、演员个人的整体造型进行设计，包括发型、服装、首饰的整体搭配。

中国红丝带(CRR)

起源于2002年开始的艾滋孤儿救助行动论坛，由各地爱心人士自愿发起，于2004年筹备，2005年初正式成立。作为一个以自愿、平等的方式结合起来的非政府、非宗教的民间公益组织，中华红丝带致力于通过网络社会和现实社会的互动，倡导公民意识，推广社会服务理念，使更多公众认识AIDS。

■ 名人昨日

现在有很多有抱负的年轻人都希望通过自己创业，获得人生事业的成功，成为一个家财万贯的人。可是，我们很多人没有骄人的家庭背景，没有资金，也没有丰富的人脉资源……我们的起点可能会很低，但这并不意味着我们不能成功。每个成功人士的起点都很卑微。社会的高度竞争一定会造就贫富不均，这是我们每个人所必须接受的。诚然，每个人的成功起点都 是不同的，别人拥有良好的环境你却没有，别人拥有便利的资源你去无法享用，你是否会因此感叹命运的不公呢？人生有无数种开始的可能，同样，结果也有无数种可能。

她的脸孔让人一见钟情：深邃的蓝色眼眸，微微上翘的鼻子，蜜桃般娇嫩甜美的脸颊吹弹可破，介于女孩与女人之间的气质，不容侵犯，又有一丝不安。这就是 Natalia Vodianova，一个兼具灰姑娘的美貌与神奇经历的俄罗斯女孩。1982 年 2 月出生于莫斯科附近小镇。她和开水果店的妈妈一起生活，还有两个妹妹。11 岁的她开始帮妈妈搬运水果。1997 年和朋友合开了一家水果店，同时自费学习模特课程，幸运地被一名巴黎星探挖掘："你该去巴黎，在那儿你可以做得更好，只是你必须在 3 个月内学会英文。"Natalia 出生于俄罗斯小镇诺夫哥罗德（Nizhniy Novgorod，前苏联的 Gorky），她的童年没有荣誉、没有赞赏，一切快乐来自于和朋友合开的水果铺儿。14 岁的她在三个月里神奇地学会了英语，顺利飞往时尚之都巴黎，签约著名的 VIVA Modeling Agency。Natalia 回忆道："我一直生活在那个小

镇，平淡，没有任何波澜，所以当那个人叫住我、将合约递过来时，我就已经决定跟他走了。”

“摄影机前的Natalia挥洒自如，每次拍摄前，她都会仔细询问，诠释的是怎样一个人物，所要表达的是什么，然后发挥想象，使自己尽可能贴近那个人物。Natalia 不喜欢那些没有底蕴、毫无意义的时尚摄影。或许因为出身平民阶层的缘故，Natalia Vodianova 一直保留着小女孩一般桀骜的气质，清澈的大眼睛和天使一般娇嫩的面庞，她的娃娃脸亦童真亦娇俏还带着若有若无的世故。她的美丽是那么的自然，她散发的性感又是那么的健康，她曾发表过关于拒绝模特节食的言论。在同她合作过的设计师眼中，Natalia Vodianova 永远是平易近人的，给观者带来的又是一种前所未有的清新和脱俗。2005 年她设立了一个慈善基金会——Naked Heart Foundation，近期目标是要为俄罗斯贫困儿童修建 500 座室内运动场，“我的家乡非常非常穷，那里的孩子没有保姆，他们经常独自在街上游荡。造室内运动场可能可以避免俄罗斯儿童走上歧路。”Natalia 说。

现在的强者，何尝不是曾经的弱者。

有一个人出身卑微，却身怀远大理想。多年前，他在 1983 年版的《射雕英雄传》中扮演那个宋兵甲，为增添一点点戏份，他请求导演安排“梅超风”用两掌打死他，结果被告之“只能被一掌打死”。这个年轻时被称作“死跑龙套”的卑微小人物，第一次当着导演的面谈到演技的时候，在场的人无一例外都哄堂大笑，但他依然不断思索、不断向导演进言，这期间他饰演了许多小人物，嘻嘻哈哈，却历尽艰辛，让人笑着流眼泪。直至 2002 年自己当上导演。那年，他获得了金像奖“最佳导演奖”。

还有一位，几年前的他是一个防盗系统安装工程师，依他的说法“就是跟水电工差不多的工作”。“有时候装监视系统要先挖洞，一旦想到歌词就赶快写一下！”当年的他就是这么边干活边写词，半年积累了 200 多首歌词，他选出 100 多首装订成册，寄了 100 份到各大唱片公司。“我当时估计，除掉柜台小妹、制作助理、宣传人员的莫名其妙，减半再减半地选择性传递，只有 12.5 份会被制作人看到吧，结果被联络的几率只有 1%。”其实

那1%就是100%！1997年7月7日凌晨，他正准备去安装防盗系统，有人打电话给他，那个人叫吴宗宪，同时走运的还有另一个无名小卒——周杰伦。从他和周杰伦合作的歌没人要，到要曲不要词，慢慢地曲词都要，之后单独要词，但还会有三四个作者一起写，直到最后指定要他的词。

可能你已经猜到他们是谁了，前一个是周星驰，出身平民，成长于单亲家庭。他在茶楼当过跑堂，在电子厂当过工人。不过年少的他更想做的也只是功夫高手，而不是电影明星。直到中学 快读完的时候，受当时电视长剧热潮的影响，他和众多同龄人一样迷上了当红明星，才萌发了做演员的愿望。那时候他有一个好朋友名叫梁朝伟，两人一起大做演员梦，一起鼓捣了一个八分钟的短片，周星驰自任导演和正面男主角，安排梁朝伟演一个恶贯满盈的大反派，又拉他一起去报考无线电视台艺员训练班，结果，就像那种戏剧化的电影情节一样：陪玩的梁朝伟一举高中，热情澎湃的周星驰却落了榜。1982年春，周星驰还未满20岁，倔强的性格，充沛的表演欲望，不达目的誓不罢休的精神，从那时开始，已经在这个年轻人的身上逐一体现。几经周折之后，他终于挤进了艺员训练班夜间部，走上了自己向往的演艺之路，但是荧屏生涯远不如期望中理想：当梁朝伟已经开始演出有名有姓的配角的时候，他只能在同一部剧里露面几个镜头，当梁朝伟被包装为“五虎将”的时候，他还在《射雕英雄传》里身兼数职的跑龙套，他尽职尽责地向导演建议：“我伸掌挡一下再死吧！”也被呵斥：“快点拍戏，话不要那么多！”……当梁朝伟因为身价暴涨而被调离儿童节目《430穿梭机》的时候，周星驰终于得到了一个不知能不能算作机会的机会：代替梁朝伟成为《430穿梭机》的主持人。

但是这对周星驰本人，绝不甘心只做一个儿童节目主持人。他对自己的演艺事业始终抱有梦想，始终不肯松懈，尝试写剧本，揣摩经典影片，精读理论，钻研演技，却始终没有表现的机会。他总算鼓起勇气去电影公司投递了报名表，可是连老板的面都没见着。

1988年的一个晚上，他在舞厅里消磨时光，遇到了万能电影公司大老板李修贤。这位著名电影制作人与他简短交谈之后，送给他一个演艺生涯

中宝贵的转折点：邀他在自己的新片《霹雳先锋》里扮演一个浪荡江湖的小弟。一个人的成功有可能貌似突如其来，但是细细探究，总有其脉络可寻。周星驰守候多年，终于等来了让自己尽情发挥的电影，与自己在形象、个性上都十分契合的角色，将自己累积的艺术探索，生活积淀，表演技巧，个人感悟，志向与激情，全面释放在每一部作品每一个镜头之中。他总是那么痞痞地坏坏地，行事出人意外，言谈不着边际，但是仍然让人感觉亲切可爱，更能让人捧腹大笑。他的电影里，都是讲述小人物的故事，在他的电影世界里，没有什么盖世英雄。并且，周星驰电影的角色都是受到挫折，最后才成功的。他坦言自己初出道时也曾受过白眼，听过了不少诸如“就凭你”、“你行吗”之类的话。

另外一个是方文山，他向网友建议：建立起一个毕生可以永续追逐有意义的目标。不管最终你能否实践完成它，在你前进的路途与过程中，都会让你对生命的目的以及个人存在的意义，有一种非你莫属的使命感，点燃起对生活的热情，让你活的更踏实有意义！

这是目前中国最具知名度的人中的两位。很多我们所熟悉的成功人士，都是从“卑微”干起的。很多今天成功的民营企业老板的起点都很低，他们没有值得炫耀的第一份工作，跟大多数人一样，也没有让人羡慕的后台靠山。鲁冠球，浙江万向集团主席，他的第一份职业是打铁；徐文荣，横店集团董事长，李如成，雅戈尔集团总裁，都是农民出身；邱继宝，飞跃集团董事长，南存辉，正泰集团股份有限公司董事长，他们是摆摊修鞋出身；胡成中，中国德力西集团董事局主席兼总裁，曾是一介裁缝；郑元豹，人民电器集团董事长，13 岁开始打鱼赚钱，17 岁时又改行去打铁，后来又当了工人；郑坚江，奥克斯集团董事长，曾是一名汽车修理工；汪力成，华立集团董事局主席，曾是丝厂临时工……他们在成名前和你并无多大不同。他们也没有通向成功的直达“电梯”，只能是爬楼梯，一步步爬向成功的方向。可是他们最终成功了。无数的卑微成就了伟大，这就是成功的奥秘。不要抱怨贫富不均，生不逢时，社会不公，机会不等，制度僵化，条理繁复，伯乐难求。要知道：其实每个人都平等地享有出人头地的机会，明天，或者明年，同样会诞生像他们一样成功的人，就看是不是今天的你，有着和他们一样的毅力和耐力。

相对优良的环境来说，每个人都不希望自己的起点比其他人低。但是，有的时候贫困带来的也许不仅是坏事，它能激发人的奋进之心，磨炼人的成功意志，这是多么好的环境也换不来的。所以，如何看待出身贫寒，如何战胜出身贫寒，是直面挑战的必修一课。

逐梦箴言

人生有无数种开始，也有无数种可能。站在最低的起点未必不能到达成功的最高点。

知识链接

T台

T台原为建筑词汇，借用于时装界指时装表演中模特儿用以展示时装的走道。由于其形状大多是一个T型伸展台，所以以前一直称作T型台或T台。

■ 擦玻璃的那个人

高尔基说:“贫困是一所最好的大学!”是的,生活中并不是每一次不幸都是灾难。早年的逆境通常是一种幸运。与困难作斗争不仅磨炼了我们的人生意志,也为日后更为激烈竞争准备了丰富的经验。

他只身从农村来到城市,只有初中毕业,身体非常单薄,只能找点比较轻的体力活干。他到了一家保洁公司,主要工作就是擦玻璃,公司管食宿,每月工资 300 元。

他很满足,干起活来十分卖力。有人问他:你这么小,为什么不在家学习,出来受罪赚这点钱?他说:我父亲瘫痪,母亲种地,家里没钱供我上学。我文化太低,能有这份工做,已经满足了,每月还能给家里寄点钱呢。

他在这家保洁公司一直擦玻璃。他的同事换了一批又一批,有的甚至刚做三四天就因为嫌薪水少、活儿脏,走了,他一直坚守着这个位置。整整五年,他已经是二十多岁的大小伙子,这座城市里的写字楼、宾馆、商场他几乎都去服务过多次。他工作一如既往的卖力,一丝不苟,很多顾客还点名要公司派他过来。他简直成了公司的形象代言人。

人们都知道他,他和他的服务对象成了熟人和朋友。有一天,有个新来的人问他:听说你擦了五年的玻璃,每月只挣 300 块钱,为什么不换个工作呢?他笑笑说:会换的。

有一天,人们熟知的擦玻璃工突然消失了。几天后,一家快餐店开业了,老板就是擦了五年玻璃的他。快餐很适应城市的快节奏,竞争自然激

烈,而他的快餐店却很快打开了局面。

原因很简单,他在擦玻璃的五年,走遍了每个写字楼、宾馆、商场,结识了里面的人,五年擦玻璃的表现已经给人们留下了深刻的印象。当他的快餐店发展到整个城市的角落,资产逾千万时,认识他的人无不感慨地说:这位老板曾擦了五年的玻璃。

有记者采访他,问他如何从一个擦玻璃的打工仔开快餐店,并在众多实力雄厚的竞争对手中脱颖而出时。他只说了一句:因为我曾经为人擦过五年的玻璃,并且擦得很好!

每个人都渴望成功,但出身贫寒、运气不佳、资源短缺这都不是妨碍你成功的理由。人生之路上必然是荆棘满地。想成功的人很多,但其中很多人却缺乏行动的勇气和面对困难继续坚持的毅力。有千千万万的人开始时都做着微不足道的工作,每天晚上都会设想自己成功的无数种可能,但是,他们总是抱怨自己生不逢时,没有一份前途光明的工作,没有一个可以发展的平台,没有贵人相助……因此,他们天天向旁人倾诉着自己无比远大的理想,却每天重复着自己一成不变的工作和工作态度。

当我们抬头仰望别人的成功,总是无比的艳羡,会不自觉的想:如果我有他那样的机会,我可能比他还要成功。我们总是不愿意去承认那些成功人士的奋斗和努力。很多成功人士都是经历了一番艰难困苦才有今天的成就的。

我知道一个关于三个贫困孩子的故事:

第一个孩子,他的家里穷徒四壁,他每天都要提着小筐去捡那些从拉煤车上掉下的碎煤。为了得到一个果腹的面包,他请求老板让他擦拭面包店的窗户。这个工作干完了,他又开始忙着寻找另外的工作。他星期六早晨去卖报,星期六下午和星期天,向那些坐马车旅行的人兜售冰水和柠檬水,到了晚上,还要为报社写关于各处举行的生日宴会和茶会的新闻。这时他才12岁,从西班牙来到美国还不到6年。13岁那年,他离开学校,到一家公司当了一名清洁工,逐渐结识了一些名人,开始有了信心和雄心。这个孩子就是后来在美国新闻史上最成功的杂志编辑博克,创办了世界上发

行量最大的妇女杂志《妇女家庭》。

第二贫困的孩子出生于苏格兰。父亲以手工纺织亚麻格子布为生，母亲则以缝鞋为业。后来，他们一家人实在混不下去了，不得不移居美国。在美国，他到纺织厂当过童工、烧过锅炉、在油池里浸过纱管、送过信。送信期间，由于苦练出高超的电报技术，他被一家铁路公司聘为职员。在这家公司工作的10多年中，他非常勤奋，得到了晋升，但仍然不算富有。第一次参与股票投资的时候，家里的全部积蓄不超过60美元。他与母亲商量，以房屋作抵押贷款，方才买到了共计600美元的股票。他就是后来闻名世界的钢铁大王卡内基，与洛克菲勒、摩根并立为当时美国经济界的三大巨头之一。

第三贫困的孩子出生在匈牙利一个普通小镇，年幼时衣食无忧，但自从父亲去世后家境每况愈下。母亲改嫁。他和继父关系不好，这使他吃了不少苦头。17岁，他由海上偷渡到了美国。最初，他想当个军人，不料屡屡碰壁，几经辗转终于当上了骑兵。但战事很快结束了，他留在了纽约。后来到了美国西部，他做过骡夫、水手、建筑工人、码头苦力、餐厅跑堂和马车夫，然而没有一样是他感兴趣的。日后，他在图书馆找了一份差事，每天为图书馆工作两小时，换取可以任意借阅图书的便利。他就是后来美国新闻界的旗手、骄兵普利策，以他名字命名的“普利策”新闻奖，至今仍是美国新闻界的最高荣誉。

很多身处贫寒的人，也许都在抱怨命运的不公平，抱怨环境对自己的不利影响。朋友们请重新来认识生活，面对生活，因为没有一种生活是完美的，也没有一种生活是让人完全满意的。如果你只会抱怨，抱怨成了习惯，那就于人无益，于己不利，生活就成了牢笼一般，处处不顺，处处令人不满。进化论以铁的事实证明：“适者生存，不适者被淘汰”。小昆虫及小动物的保护色也给了我们警示，他们都在努力地去改变自己以适应环境，而不是埋怨环境怎么对自己这么不公平。它们不敢，因为，或许当它们正在埋怨环境不公时，它们已经成为别的动物口中的美味了！鹰为了能很快的捕到猎物而不被饿死，从刚出生就不得不苦练疾飞。小兔子虽没有草一样

颜色的皮毛，但他练就了灵敏的感觉和两双善跑的腿以躲开强敌的追击。龟虽没有锋爪利齿来和外敌一搏，但他有一个坚硬的外壳来保护自己。骆驼之所以被称为沙漠之舟，是因为他有厚厚的角质以保护身体水分的散失。不能说沙漠里没有渴死的兽、北极没有冻死的鸟。关键是它们没有让自己去适应环境！

模特界有一颗璀璨之星——瑟丽塔·伊班克斯（Selita Ebanks），她生于1983年2月15日，Cayman Islands（加勒比海地区的英属开曼群岛）出身贫穷的她通过自身的努力在模特界闯出一片天地后又不断为自己的家乡慈善事业做贡献，在《飞黄腾达》第九季中击败美国某前任州长，获得为自己的慈善机构“阳光桑夏里昂”筹得资金！

2001年2月，瑟丽塔·伊班克斯首次亮相纽约时装周为图勒秋装走秀。瑟丽塔·伊班克斯在最新的全球最性感TOP 20超模排名中，位列第7，成为维多利亚的秘密的天使超模+08《体育画报》最火的性感宝贝。贫穷的出身没有阻碍瑟丽塔·伊班克斯一路飚红。

逐梦箴言

“明天”不取决于“昨天”，而在于今天，无论生出什么样的环境都不要抱怨，因为确定奋斗目标，拥有坚定地信念，运用顽强的毅力，付出更多的努力，一切可以改变。许多今天被冠以成功人士头衔的人，他们在成名前和你并无多大不同。不要抱怨贫富不均，生不逢时，社会不公，机会不等，制度僵化，条理繁复，伯乐难求。要知道，其实每个人都平等地享有出人头地的机会。明天，或者明年的成功人士队伍里，就可以站着你，只看今天你如何努力。

知识链接

模特学校

目前中国的模特学校大致分为三种形式：

一是以北京服装学院、上海东华大学、苏州大学等为代表的近 80 所高等院校开设的模特表演本科专业；

二是以模特培训作为重点的专业职能培训学校。目前国内的模特培训学校大约有百余所；主要以辽宁北方模特职业培训学校、北京新面孔模特学校、大连新面孔模特学校、哈尔滨新丝路模特学校等一些知名的培训类学校组成。为中国的模特行业输送优质人才。

三是中专学历教育学校开设的服装表演专业。学生既可以学习高中文化课程，也能学习模特专业技能知识。毕业之后可以参加高考，也可以选择直接就业。

智慧心语

过去，我只逼你辛勤地工作，要你只问耕耘，不问收获。但是从今天起，我不逼你工作，却要只问收获，不问耕耘……就算你根本没有进过什么学校，只要有成就，对社会人群有贡献，也就是成功……只有具备最强实力，又能忍耐最大压力的人，才能站到颠峰。

——刘墉

你可以一辈子不登山，但你心中一定要有座山。它使你总往高处爬，它使你总有个奋斗的方向，它使你任何一刻抬起头，都能看到自己的希望。

——刘墉

人的一生，总是难免有浮沉。不会永远如旭日东升，也不会永远痛苦潦倒。反复地一浮一沉，对于一个人来说，正是磨练。因此，浮在上面的，不必骄傲；沉在底下的，更用不着悲观。必须以率直、谦虚的态度，乐观进取、向前迈进。

——松下幸之助

一个最困苦、最卑贱、最为命运所屈辱的人，只要还抱有希望，便无所怨惧。

——莎士比亚

等待与把握机会

吕燕

导读

机遇是个顽皮的孩子，难免有时候会迟到，这需要执着的人用心去等待。等待需要耐心，而对于无尽的等待更需要积蓄力量。机遇垂青于有准备的人。准备就是一种等待。等待是把握机遇的必修课。

■ 吕 燕

吕燕是著名的模特。1999 年正式进入时尚圈，被造型师李东田和摄影师冯海发现并为她造型，拍摄各大时尚杂志封面。之后应邀前往巴黎发展模特事业，代表中国参加世界超级模特大赛并获亚军。先后签约巴黎、纽约、米兰、日本多家国际模特经纪公司。在获得荣誉的同时也因为她的相貌而成为模特界颇受争议的人物。吕燕从未觉得自己漂亮，她认为她的美在于个性。

女人如果有一张漂亮的脸蛋，似乎未来的路就已成功一半。这已成为约定俗成的定律。美丽的女人首先能赢得异性的好感；其次会为自己获得更多的机会；再次会成为一种“投资”为其获取无限的“利润”。

以上所说的美专指“脸蛋”。但一个女人如果仅是脸蛋美，外强中干，只能供一时之需。时间久了，人们会有审美疲劳，机会和利益也会转瞬即逝。

如今，漂亮的女人太多了，无论天然的还是人工的。这时，对女人美的要求也在提升，不仅要“悦目”还要“赏心”——所谓的气质美和个性美。

吕燕，一个中国人眼里不美的女人，却在心高气傲的巴黎时尚界赢得一席之地，这种美让人心服口服。

有网友问：其实我很欣赏你。在“花瓶”横行的社会里面，你觉得你的成功是偶然的还是必然的？为什么？

吕燕：我觉得说不上偶然，也不是必然的。现在这个社会都是多元化的。并不是说“花瓶”就是所谓大家长得漂亮的，就一定会成功，也有很多人觉得我是好看的。这只是每个人的观点不一样罢了。我觉得这是很多

方面加在一起的。正好我生在这个年代，也许早十年就不太可能了，现在这个社会进步得太快，和国外的交流更多了一些，现在的年轻人接触面更广，有很多多元化，喜欢的东西就不一样。不能说“花瓶”横行，很多人也不喜欢“花瓶”，你说“花瓶”好看，他觉得那样不好看。

有网友问：其实你不是一个严格意义上的美女。我想问你是靠什么赢得广大群众的心？

吕燕：其实我觉得第一在工作上，我是很配合工作的一个人，就是我每次工作出来的东西，都比较符合他们的标准；另外一个就是我的个性，我觉得好象我给了那些条件比较差的人一个希望，因为我真的是靠自己一步一步走出来的，我没有生在大城市富裕的家庭，我一步一步做出来，给大家很多希望。如果你有一个理想，你可以去试，成功不成功是另外一回事，起码你做过努力。

江西北部山区的吴山萤石矿是一个方圆不过20平方公里的小型矿山，吕燕曾经是一群矿工孩子当中的一个。为了找一份工作，吕燕报考了技校。后来因为觉得自己驼背严重，就报考了模特培训班，想通过培训纠正形体。没有想到，模特学习不禁纠正了她的身姿也改变了她人生的轨迹。

吕燕：那个时候我们矿区里边的同学有好多到那边去读书，如果你考上这个技校，你回来就有一份固定的工作，所以我就去了。同学经常会说，你眼睛怎么长那么小啊，你嘴巴怎么长这么厚啊……后来想出去找工作，一个女孩子驼背，躬着腰，没有人要的，那个时候他们都觉得我长得不好看，自己反正长得不好看，这么躬腰驼背的，肯定没有人要我做工作。找工作，起码这个人要挺起来呀，就想到了参加模特培训，学完这个，再去找工作啦。

1999年6月，吕燕所在的模特学校准备组织一个五人小组参加北京举行的一个模特比赛，教练挑来挑去只找到4个人，最后就把吕燕也算上，凑足了5个人。模特比赛没有任何结果，但是吕燕得到了一个杂志社面试的机会。这次面试使她仿佛听到了幸运之神的脚步声。很快，吕燕的第一组时尚造型图片在当时发行量最大的服饰杂志《现代服装》上刊登出来。

令吕燕一直不能忘记的是，正是在这个下午，18岁的她第一次听到别人由衷地认为她是美丽的。也许从这个意义上来说，这才是她生命中最重

要的转折点。

李东田见到吕燕的时候，东田造型公司刚成立，需要找形象代言人拍一组婚纱照。李东田的朋友就推荐了两个模特给他，其中一个是现在名气挺旺的王海珍，另一个就是吕燕。当时的王海珍已经小有名气，而吕燕还是个从江西矿山出来，刚来北京又在模特大赛中落榜的选手，只能混迹于时装舞台做杂工。可是那天李东田乍见来面试的吕燕，便被她的塌鼻梁、圆脸盘、小眼睛、厚嘴唇、高颧骨、短下巴吓了一大跳，情不自禁地冲她说了一句："你真漂亮。"事后吕燕还曾跟他开玩笑，说，你不会是在骂我吧？

关于这段，双方在接受媒体访谈时有这样的对话：

吕燕："当时有点瞎凑热闹，好多记者呀，拍照，比赛的时候，是住在酒店，可以住酒店啊，而且看到那么多漂亮的人，还见到明星、名模，心里是很高兴的，心里挺激动的，第一次真正的在生活中接触这种明星，看着他们，特别羡慕，他们过得生活多好啊。觉得自己跟他们有很远的距离，我和她们生活的世界是两个世界，觉得有点想象不到。"

李东田："第一次见到吕燕，第一是她漂亮，第二我觉得她日后一定能成为国际的出名的模特。她是很少见的。在中国模特界这么长时间，我见到那么多的模特，到见天为止，吕燕是真正让人打动人心的。我当时觉得她一定会特别棒的。我跟吕燕说，你一定会成为国际名模。"

吕燕："他看着我。看了以后，抓着我的肩膀，哎哟，太好了，我一定要给你化成什么什么样……我记得特别清楚，涂两个大红掌印，在我的胸口啪啪一边一个，两只手在我脸上比划，说'我要把你脸怎么怎么化呀……'我心想这个人怎么这样的，我都不认识他。他特别夸张、特别激动的样子：'我觉得你长得特别好看。'我当时心想，什么意思啊？之前从来没有人这样说过我。当时我心里怪怪的。"

1999年，吕燕被中国顶尖造型师李东田和著名摄影师冯海发现并为她造型，拍摄各大时尚杂志封面，从此正式进入时尚圈。

罗杰·罗尔斯是纽约州第五十三任州长，也是纽约历史上第一位黑人州长。他出生在声名狼藉的大沙头贫民窟，这里可以说是罪恶的发源地。在

这里长大成人的孩子，要么是在监狱里，要么就是处于即将步入监狱的状态，只有极少数的人获得较体面的职业。罗杰·罗尔斯就是个例外。他不仅考入了大学，而且还成了州长。在就职的记者招待会上，罗杰·罗尔斯对自己奋斗史只字未提，他仅说了一个非常陌生的名字——皮尔·保罗。后来人们了解到，皮尔·保罗是他念小学时的一位校长。1961年，皮尔·保罗被聘为诺必塔小学董事兼校长。当时正值美国嬉皮士流行的时代，他走进大沙头诺必塔小学的时候，发现这儿的穷孩子比迷惘的一代还要迷惘，他们旷课、斗殴，甚至砸烂教室的黑板，很有“农民起义”的架势。当罗尔斯从窗台上跳下来走向讲台时，皮尔·保罗说：“我看你修长的小拇指就知道，将来你是纽约州的州长。”罗尔斯非常吃惊，因为长这么大，只有他奶奶让他振奋过一次，说他可以成为五吨重小船的船长。这一次，皮尔·保罗先生竟说他可以成为纽约州的州长，着实出乎他的意料。他记下了这句话，并且相信了它。从那天起，纽约州州长就成为他心中的一个目标。从那一天开始，他的衣服干净整洁，说话开始彬彬有礼，挺直了腰板走路，还成为班主席。在以后的40年间，他没有一天不按州长的身份要求自己。51岁那年，他真的成了州长。

“我觉得你长得特别好看。”当李东田激动、夸张的对吕燕说出这句话时，东田就是皮尔·保罗一样的人，他给了吕燕一个信念、一个方向。一句话让吕燕更多的肯定了自己。

2000年6月，大都会的一位工作人员到中国出差，这是一家世界著名的模特经纪公司，它曾培养出像克劳迪亚·希弗那样的世界名模。那位工作人员上飞机前在北京新侨酒店休息时发现了吕燕。他问吕燕想不想到巴黎发展。那时的吕燕在国内虽小有名气，但她觉得自己并没有什么成就，用她自己的话说，那些已经在国内取得成绩的名模对此可能会犹豫，会患得患失，万一到了国外发展不好，就鸡飞蛋打。“但我本来就没有什么，失败了也没有什么，但说不定就成功了呢？况且能到国外特别是巴黎这样的时装之都发展，绝对是一个很好的机会。”

2000年6月17日，吕燕到达巴黎，住在巴黎文化发源地———圣路易岛上。她到巴黎第一天的工作就是拿着一张时间表、一张地铁线路图及自

己的造型相集与巴黎最著名的记者见面。可能吕燕从小家境贫寒，可能她那时没有大红大紫，吕燕在机会向她伸手的时候毫不畏惧地抓住了。

当初吕燕不认识一个英文单词，她就拿着一个快译通到了人地生疏的法国，开始了在巴黎的模特之旅。也是凭着这本快译通，吕燕走遍了巴黎的大街小巷参加面试，甚至打国际长途电话到国内请教朋友英语发音，然后，再去问路。成功的荣耀所有人都看得到，而背后的艰辛就很少能有人知道了。

初到巴黎的吕燕人地生疏，凭着执著、勇气和微笑，她终于为自己在这个时尚之都打开了一条路。短短几个月，吕燕引起了世界最著名的时尚杂志《VOGUE》的注意，为杂志拍摄了许多照片，参加了著名时装品牌CHRIS — TIANDIOR 及 LA — COIX 的时装表演。一时间名声大噪，吕燕在巴黎时尚圈迅速擀红。

成功有时不仅是靠一个人的努力和汗水，还靠着本身的素质。无论从事哪一个行业，良好的合作精神是成功的关键。和吕燕一起工作过的人都很喜欢这个并不美丽但很可爱的女孩。有次大赛间隙，法国各大时尚媒体记者和吕燕等模特一起去故宫拍照。记者们希望拍出精彩的照片，希望模特能身着裙子。许多模特怕冷，不愿意穿裙子，而吕燕不怕，她很愿意配合摄影师、摄像师一起拍出好的作品。她认为这是自己的责任，是自己的职业。

地中海东岸的沙漠里生长着一种蒲公英，不同于一般蒲公英的生长，它并不按季节来舒展生命。因为是在干燥的沙漠地区，如果没有雨，它一生一世都不开花。但是只要有一场雨，哪怕雨极小，而且不论这场雨什么时候落下，它们都会抓住这难得的机会，迅速开出花朵，并抢在雨水蒸发掉之前，做完受孕、结籽、传播等所有的事情。种子因为努力和等待日益成长，而我们每一个人也只有努力和等待才能更接近成功。在我们的生活中，能力不足、基础不稳固之时，燕子衔泥般地努力积累，不动声色地等待时机成熟是一种智慧。一只小鹰，羽翼未丰时，一次次飞向矮墙，是在为有朝一日博击长空努力，而一旦它羽翼丰满，定会有一飞冲天的日子。转瞬即逝的机会就是沙漠里珍贵稀少的落雨，只有在每一个干旱恶劣的日子里默默累积力量，才能在得来不易的甘霖中舒展生命。提升自己的机会就像沙漠中的雨水一样

少，但是人一旦拥有了沙漠蒲公英的品性，坚韧生长，默默等待，机会来临时，就果敢地抓住，利用一切条件向上努力，就一定能成为了不起的人。

我们可以把李东田和著名摄影师冯海发现并为她造型，拍摄各大时尚杂志封面视为吕燕的机遇。我们也可以把世界著名的模特经纪公司“大都会”的工作人员在北京新侨酒店发现吕燕，邀约吕燕到巴黎发展视为吕燕的机遇。我们也可以确定吕燕在机会向她伸手的时候毫不畏惧地抓住了。可抓住机会还要把握机遇。吕燕，用执着、勇气和汗水赢得了她的舞台。

她的吊梢眉、小眼睛、高颧骨、塌鼻梁……被西方视为经典的“CHINA-FACE”，着实颠覆了国人的审美价值观。她的外表自她出道之日起便饱受争议，但这争议恰如一股急速猛烈的力量，将她推至国际T台之上，成为屹立不倒的时尚标杆。如同一个原点，她不偏不倚地嵌刻在时代的坐标系，开启了一片全新的“审美蓝海”。吕燕似乎天生具有那种体悟和思考生命本质的能力，从懵懵懂懂闯进时尚圈到今天的“国际超模”，她感恩于命运之神的眷顾，让她如此幸运，能够体味这样丰富隽永的人生。

逐梦箴言

做好准备，默默等待，机会来临时，就果敢地抓住，利用一切条件向上努力，就一定能成为了不起的人。

知识链接

李东田

身为国家级造型师，德国哈苏公司高级客座讲师。世界知名品牌资生堂 SHISEIDO 的首席彩妆顾问。自 1991 年正式进入中国时尚圈以来，以其对国际流行元素的敏锐感觉和把握，多年来始终走在潮流前列，执掌造型界牛耳，左右时尚走向。

■ “最好的玉米”和“最后的机会”

一位老婆婆在屋后种了一大片玉米。收获季节到了，一个颗粒饱满的玉米棒自信地说：“我是今年长得最好的玉米，肯定会被第一个摘走。”可老婆婆第一天收玉米时，并没有去碰它。于是，它自我安慰道：“明天肯定会把我摘走。”

第二天，老婆婆又收走了很多玉米，可惟独把它留下，没有收走。它强忍住内心的难受，再一次安慰自己：“明天，明天一定会把我摘走。”几天过去了，老婆婆还是没有来摘它。它再也无法一天一天地自我安慰了。它的颗粒变得坚硬，身体开始膨胀，快要“炸”了。就在它彻底绝望的时候，老婆婆来了，一边摘下它，一边高兴地说：“这是今年最好的，留着它做种子，明年的收成肯定会更好。”

有一位汽车推销员，刚开始卖车时，老板给了他一个月的试用期。29天过去了，他一部车也没有卖出去。最后一天，老板准备收回他的车钥匙，请他明天不要来公司。这位推销员坚持说，还没有到晚上12时，我还有机会。于是，这位推销员坐在车里继续等。午夜时分，传来了敲门声。是一位卖锅者，身上挂满了锅，冻得浑身发抖。卖锅者是看见车里有灯，想问问车主要不要买一口锅。推销员看到这个家伙比自己还落魄，就忘掉了烦恼，请他坐到自己的车里来取暖，并递上热咖啡。两人开始聊天，这位推销员问，如果我买了你的锅，接下来你会怎么做。卖锅者说，继续赶路，卖掉下一个。推销员又问，全部卖完以后呢？卖锅者说，回家再背几十口锅出

来卖。推销员继续问，如果你想使自己的锅越卖越多，越卖越远，你该怎么办？卖锅者说，那就得考虑买部车，不过现在买不起。两人越聊越起劲。天亮时，这位卖锅者订了一部车，提货时间是5个月以后，订金是一口锅的钱。因为有了这张订单，推销员被老板留下来了。他一边卖车，一边帮助卖锅者寻找市场，卖锅者生意越做越大，3个月以后，提前提走了一部送货用的车。推销员从说服卖锅者签下订单起，就坚定了信心，相信自己一定能找到更多的用户。同时，从第一份订单中，他也悟到了一个道理，推销是一门双赢的艺术。如果只想到为自己赚钱，是很难打动客户的心的。只有设身处地地为客户着想，帮助客户成长或解决客户的烦恼，才能赢得订单。秉持这种推销理念，15年间，这位推销员卖了一万多部汽车。这个人就是被誉为世界上最伟大的推销员乔吉拉德。当你一次又一次地被拒绝时，请对自己说，我还有机会。并且坚信，成功就在下一个路口等你。

故事告诉我们，耐心等待，经得起“考验”，是非常重要的。

在现实生活中，人们的机遇往往是“不均等”的。有的人很幸运，工作不久，就有好的机遇垂青；有的人则不然，工作很出色，能力也很强，可就是碰不上好机遇，就像故事中那颗“优秀”的玉米，总是摘不到。怎么办？吕燕在未成名前，曾经因为不够标准的长相在模特行业备受冷落，有时候站在一大群模特里，被告知有演出的模特名单里总是没有她的名字。可是，她就那样淡淡的站在人群里，她说：“这次没有我，也许下一次就有了”。

逐梦箴言

机遇时常是久等不来，正确的态度应该是等待、等待、再等待。千万不可放弃，更不能失望和绝望，因为机遇说不定已经来临。因此，从某种意义上说，耐心等待也是一种能力。因为等待能出机遇，等待能使你“绝处逢生”。

知识链接

冯海

摄影师，生于 1971 年，毕业于中央工艺美术学院，获视觉艺术硕士学位。1995 年至 1998 年在华侨大学任教。是“世界华人摄影协会”会员，出版《感性摄影—冯海摄影作品集》。

冯海摄影作品

富翁的遗嘱

法国一位年轻人很穷、很苦。后来，他以推销装饰肖像画起家，在不到10年的时间里，迅速跻身于法国50大富翁之列，成为一位年轻的媒体大亨。不幸，他因患上前列腺癌，1998年去世。他去世后，法国的一份报纸刊登了他的一份遗嘱。在这份遗嘱里，他说："我曾经是一位穷人。在以一个富人的身分跨入天堂的门槛之前，我把自己成为富人的秘决留下。谁若能通过回答'穷人最缺少的是什么'而猜中我成为富人的秘诀，他将能得到我的祝贺——我留在银行私人保险箱内的100万法郎，将作为睿智地揭开贫穷之谜的人的奖金，也是我在天堂给予他的欢呼与掌声。"

遗嘱刊出后，有18461个人寄来了自己的答案。这些答案，五花八门，应有尽有。绝大部分的人认为，穷人最缺少的当然是金钱了，有了钱就不会再是穷人了。另有一部分人认为，穷人之所以穷，最缺少的是机会，穷人之所以穷是穷在"背时"上面。又有一部分人认为，穷人最缺少的是技能，一无所长所以才穷，有一技之长才能迅速致富。还有的人说，穷人最缺少的是帮助和关爱，等等。

在这位富翁逝世周年纪念日，他的律师和代理人在公证部门的监督下，打开了银行内的私人保险箱，公开了他致富的秘诀，他认为：穷人最缺少的是成为富人的野心。

在所有答案中，有一位年仅9岁的女孩猜对了。为什么只有这位9岁的女孩想到穷人最缺少的是野心？她在接受100万法郎的颁奖之日说，"每

次,我姐姐把她 11 岁的男朋友带回家时,总是警告我说不要有野心!不要有野心!于是我想,也许野心可以让人得到自己想得到的东西。

成功的途径有很多种,而迈向成功的第一步是要有一颗企图成功的心。出身贫寒的吕燕,在一片嘘声里,在一个英文单词都不会的情况下,正是要成名的野心,让她从靠着地图识路到名声大噪,在巴黎时尚圈迅速捧红。

逐梦箴言

无论贫富贵贱,无论美丑尊卑,确定一个目标,怀揣一颗野心,就是通往成功的阶梯。

知识链接

时装秀种类

时装表演一共有两种,一种是概念秀,概念展示(SHOW)是发表本品牌或本系列这一季将走的路线和表达的主题、风格,它是设计师一种灵魂的表达。这些服装我们是无法在专门店里购买的,它们的去处是品牌的博物馆或展示厅,是品牌发展史上的一步一步的历史印迹。

还有一种成衣秀(又称为推广时装秀),这种展示就是最初的时装表演了。设计师把自己有代表性的作品百分百完全的展示给人看。这种时装秀纯粹为盈利而作,除了延续品牌特色,主要注重的是普及性和推广性。

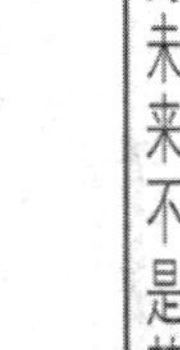

菜市场里的机会

一个在工厂做了20多年工的男人,45岁那一年他下岗了。妻子又患上了严重的股骨头坏死。这样的生活对于这个家庭来说,无疑是冰天雪日。

男人自暴自弃,整天窝在家里,不是喝闷酒就是睡大觉。女人到邻居家串门,学会了一门手艺,用钩针钩织拖鞋。在男人喝酒或大睡的时候,女人就坐在床边,一针一线的勾出花样不同的拖鞋。

有天,女人招呼男人起来。要男人帮他把床下的一个纸箱子拿出来,放到自行车上。男人不情愿的拖出箱子,发现那里面竟然满满的摆放着好多双钩织的拖鞋,大大小小,男女各式。女人要男人帮着推车到市场去卖。男人不以为然,现在商店里的鞋子琳琅满目,穿着舒适,价格实惠,谁会花钱买这些玩意儿呢?

女人却说,这是个机会,就是一双鞋赚一毛钱也是收入。

男人帮女人在市场里找了个位置,放置好纸箱。过了好一会,也没有人来摊前买拖鞋,他实在不愿意继续守着这些拖鞋,看着老婆失望的样子。他说去溜达买包烟,就一个人在市场里转悠了起来。

转着转着,他开始打听个个菜摊里的菜价,他发现偌大的一个市场里,摊位不同菜价也不一样。有的差几分,有的差几毛。他一圈一圈的在市场里溜达,打听,看菜……

他想起老婆出门前的话,这是个机会,就是赚一毛也是收入。他回到女人身边,刚才冷冷清清的鞋摊前挤着几个人,一边掏钱一边夸女人的手

艺好。

那天,女人卖了十双鞋,赚了 5 块钱。

第二天,男人拿出家里剩下的所有的人民币,59 块钱,早早的到市场,批了一些蔬菜。然后加一点差价,半斤,一斤,三斤的零卖出去。

现在,这个男人拥有了一个大型蔬菜批发市场,还有自己的蔬菜供应基地。他一直记得,是老婆带他去市场卖拖鞋时找到了成功的机会,那年他 45 岁。

许多人好高骛远,天天抱怨生不逢时,良机不至,其实机会就潜伏在你身边,他传递出的信号微弱的可能只是一毛钱的收入。世界著名的模特经纪公司“大都会”的工作人员,上飞机前发现在北京新侨酒店休息时的吕燕。随即发出请她到巴黎发展的询问。面对这样的询问,那些已经在国内取得成绩的名模对此可能会犹豫,患得患失,顾虑重重,万一到了国外发展不好,就鸡飞蛋打。而吕燕却想:“我本来就没有什么,失败了也没有什么,但说不定就成功了呢?况且能到国外特别是巴黎这样的时装之都去发展,绝对是一个很好的机会”。抛开吕燕独特的魅力,抛开之后吕燕一个人在巴黎的奋斗不说,单就抓住机会这一点,吕燕就已经掌握了成功的秘诀。

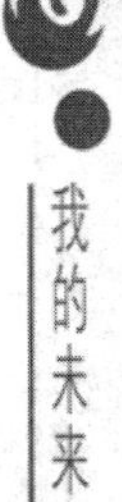

逐梦箴言

机会绝对不会朝你鸣着笛呼啸而来,很多时候扭转人生,让你成功的都是那些微弱的看上去可有可无的机会。

知识链接

服装表演专业(服表专业)

是我国新兴的一门高校学科,也是我国独有的一门学科。200 多分即可考大学是服装表演专业的高考升学优势。随着服装行业的迅速发展,服装的展示环节中对文化内涵的不断提高,模特行业也被赋予新的评判标准。“模特”再也不能只是展示服装的“道具”,而应该是有学历、有文化、有修养的一批专业技能型人才。这样服装表演本科专业便应运而生了。服装表演专业是属于艺术类考试招生的一个专业,艺术类考试分为专业课和文化课考试两个部分。专业课考试中,主要考察考生的基本条件和简单的服装表演技能,如考生的身高、体重、三围、体差等。简单的服装表演技能主要有肢体语言、T 台表现力、镜头感等。

把握机会

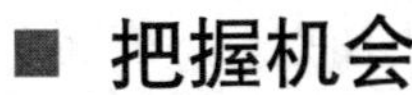

只要你有积极的心态，不屈不挠的决心和锁定单一目标的坚韧不拨的意志，机会总会来的。

当爱迪生第一次见到巴纳斯时，巴纳斯是一个衣着褴褛的流浪汉。但他却坚决要求成为爱迪生的合伙人，代理爱迪生所有的产品。当时，办公室所有的人都笑了起来。爱迪生当然不能顺便答应他，但他在巴纳斯的神情里看到了一种不达目的决不罢休的信念，便决定考验他，把一份薪金很低的打杂工给了他。巴纳斯毫无怨言。他在爱迪生的实验室干了五年，一直在等待机会。

直到爱迪生发明了一种没有一个推销员感兴趣的听写机时，巴纳斯才终于有了一个机会。这时他挺身而出，不但一下售出了七部机器，还以非常高明的销售手法博得了爱迪生的赞赏。以致爱迪生跟他签了约，由他代理爱迪生所有产品的业务。从此，巴纳斯一举致富，成了那个时代的百万富翁。

机遇是个顽皮的孩子，难免有时候会迟到，这需要执著的人用心去等待。等待需要耐心，而对于无尽的等待更需要积蓄力量。机遇垂青于有准备的人，准备就是一种等待。等待是把握机遇的必修课，万万不可像对待选修课一样随意地逃避。在看《动物世界》这个节目时，总会从动物身上受到一些启迪。有一组惊心动魄的影片，是关于南美洲的蟒蛇的。因为这种蟒蛇的身体实在太大了，所以它的行动速度不是很快。它为了捕食，唯一的办法只能是埋伏在丛林中间，等动物经过。通常是一天下来没有一个动物经过，两天下来没有一个动物经过，甚至一个礼拜下来都没有一个动物经过。但是它知道，只要在那儿等待，一定会有动物经过。最后终于有动物经过了。它就一跃而起，一口把动物咬住。因为它追不上动物，只有等动物走到它嘴边的时候，才能跃起来。

任何一个人对自己的机会，对自己的未来，都需要等待，而等待一定要有方法。但是等机会到来的时候，一定要十分敏捷地去捕捉。从表面上看，大蟒蛇在那儿一动不动，完全是被动的，但实际上它每时每刻都很警觉，即使睡觉的时候都在用耳朵听着，用身体感受着周围有没有动物走过。蟒蛇比任何动物都更加清楚等待的重要性。

我还知道这样一个小故事：

一个年轻猎人很希望自己有发财的机会，哪怕是让他多打一些猎物也行。于是，他茫然地靠在一块石头上，等待着时机的到来。

这时，从远处走来一位白须老者。只听老者问这个年轻人："年轻人，你靠在这里做什么呢？你的猎枪都已经生锈了，难道你没有看到刚才有一只野兔跑过去吗？"

年轻人看了看老者回答说："我靠在这儿等待时机啊。"

老者笑着反问道："那你知道时机是什么样子吗？"

"不知道！"年轻人摇了摇头说，"不过，听说时机是一个很神奇的东西，只要它来到你的身边，你就会走运，就会发大财……"他一边说一边自我陶醉着。

"其实并不是这样的，年轻人！"老者忽然正色道，"时机是不可捉摸的，如果你专心等它，它可能迟迟不来；而你不留心时，它又可能来到你的面前。你看刚才从你身边跑过的那只野兔，那不就是时机吗？而你却错过了它，使它再难回头了。你既然连时机是什么样子都不知道，它来到你身边的时候你怎么会知道呢？所以说，你这样坐着等待简直就是一种愚蠢的行为啊。"

说完，老者就消失了。年轻人这才明白过来，原来这老者就是时机的

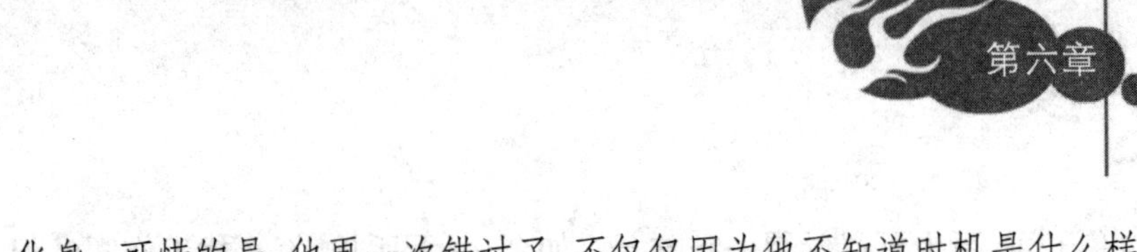

化身。可惜的是，他再一次错过了，不仅仅因为他不知道时机是什么样子，更因为他一直靠在石头上等待。

等待机遇不是放弃努力，更不是为守株待兔而不劳而获。真正的等待，不仅仅是一种忍耐，有时甚至变成一种痛苦。在等待中，你能做的有很多，如锁定目标、积蓄力量、做好规划、培养习惯、积累经验，提升能力。这些都是机会来临时让你迅速捕捉它的力量。

当“东南西北中，发财到广东”的口号叫响全国的时候。一个高三辍学的男孩，相信奇迹，来到深圳。

那时候，在深圳住，需要暂住证。几乎每天晚上都有查证的。若查到没证的人，要被关起来。他找了很久，没找到工厂，也没找到工作，又没有暂住证，钱花光了，晚上怎么过呢？人生地不熟，没人帮，又无处投靠，只好每天躲到集市后面山上的祠堂去过夜。六月的深圳，天气闷热，还有很多超级大的蚊子出没。他实在抵御不了蚊子的攻击的时候，就跑到市场边检几个垃圾袋，四肢上各套一个，鼻子位置挖了个孔，在脑袋上也套了一个。如此这般，对付度日。一天半夜，他被一泡尿憋醒，于是爬起来尿尿。结果，就这一泡尿的功夫，他被治安巡逻的人发现了，一查，没证，直接扔车上，拉走了。

白天，一起被关的人陆陆续续被人领走了，独他，没人管。关他的人问他，认识谁？有谁的电话？他谁也不认识，一个能帮忙的电话号码也没有。他想起有个老乡也在深圳，只知道名字，也知道老乡在深圳某个镇子开了个工厂。原本想混出个模样再联系的，结果事非得已，他只好说了老乡的名字。巧的是，治安队有老板的电话，于是打过去。老板一听是小老乡，挺帮忙，赶快派车过来，将他接了过去，在饭堂给他安排了工作。

他太瘦，身体太单薄，饭堂很多东西搬不动，常常受奚落。于是，有次老板问起情况，他如实向老板讲起。老板可能教训了饭堂主管几句。不料，从此，饭堂主管恨上了他，趁老板一次出国旅行，近一个月不在工厂的时候，找了个借口，将他打发了。

可怜他，工作一年多，只会洗菜打杂。悔不该当初留在饭堂，而没去车

间。在车间,至少可以学得一技之长。如今,一无所长,怎么找工作呢?但他脑袋瓜机灵,在饭堂时,多少灌了些产品方面的知识。于是跑去一家做同样产品的厂家应聘,竟然也就混进去了,还当了个组长。

他很珍惜这次来之不易的机会。所以,工作中,很吃苦,很用功。老板很赏识他,着力将他培养了一番。他也当仁不让,21 岁就当上了工厂厂长。

他想,该是苦尽甘来的时候了吧?不料,还是出了意外。他太年轻,处理问题太过激进,结果引起众怒,公司中层主管联合弹劾他。老板也觉得他做得太离谱了,免去了他厂长的职务,让他去市场部。他气坏了,整整在床上躺了二十几天,生了二十几天的病。后来想,反正我年轻,经得起折腾。我就不信我你们能打得倒我。于是,第二十二天,背个小包,出去跑单去了。

他运气不错,不到一周,竟然就真跑到单了。后来他的单越接越多,最后他变成了公司顶级销售。再后来,他觉得自己既然有这么多的单,还不如自己开个厂算了。于是,就办了现在这家工厂。经过近十年的发展,年产值已经超过三个亿了。

机遇就是你悬在崖壁时一刹那闪过的草绳,且不再闪回,你必须以最迅速的反应把它抓住。并在等待机会来临前,锁定目标、积累经验、提升能力。

吕燕,一个最初想通过训练纠正驼背从而找到工作而走入模特行列的女孩。她的成功一步一步,锁定目标,要工作,离开矿区;等待机遇,最初在模特界虽然并不被看好,仍然坚持;抓住机遇,放弃国内市场已有的成就,冒着从零开始接受到巴黎发展的邀约,机会来时不以其微而不为;握牢机会,敬业拼搏,在人地生疏的巴黎用一本快译通、一张地铁线路图,打开了法国时尚的大门。她就是曾经被许多人摇头否定,站在人群里坚持等待,在等待中充分准备的吕燕,是相信机会,“这次没有下一次也许就会有我”的吕燕。

逐梦箴言

每一个人都可能成为高官富商、科学家、建筑师、艺术家。机会和财富，现在没有不等于永远没有。只是你要做的是：机会来临前在等待中准备，在机会到来后用努力握牢。

不会每一个人都是高官富商、科学家、建筑师、艺术家，即便不是，也可以让自己的人生独特和富有价值。

也许你没有貌若天仙，光艳耀人；也许你没有聪明绝顶，才智过人；也许你没有多才多艺，无所不能，但无论你身在何处，正在做着什么，都可以在机会到来前有准备的等待，然后一把抓住闪过你身边的机会，把握自我，炫亮生命。

知识链接

造型师

是指从事人物造型工作的人。源自模特的化妆师，从传统的面部美容，修饰发展到结合对象的体貌、性格等对其整体形象甚至举止神态设计，指导以到达时尚或美感效果。造型师的任务就是为明星们设计出经久不衰的时尚妆容。造型师细心挖掘每个人的独特气质并将其放大。美，就产生了。随着社会发展，其对象现在已经不仅局限于明星，越来越多的人开始有意寻找专业的造型师为自己做形象咨询。

第七章

风雨之后见彩虹

导读

人生路上难免偶遇风雨。挫折和打击就如同乌云，它只会暂时遮蔽光明，暴风雨，会卷走阴霾与尘埃。只要我们顽强超越，就会看到彩虹。我们要把这些磨难当成一种激励，是它让你的目标更加明确，是它让你的意志愈加坚强。

■ 压力产生动力

陈娟红是中国从T型台上走向世界的第一人。因为个高，而且性格坚韧不拔，这位出生在浙江桐乡的江南美女曾经进入到了篮球队。虽然篮球的职业生涯未能给她披金戴银，但是篮球队员的这段生活经历锻炼了这位皮肤白皙的女人。在退出篮球队后，陈娟红在纺织厂做工人。随后就开始了模特的生涯，并在1990年到1992年短短的三年中，声名鹊起。

人们惊羡她的成功、她的幸运。但对她来说，这一切却都是偶然中的必然。

陈娟红1969年诞生于浙江嘉兴桐乡的濮院镇。江南的悠悠秀水赋予她高挑的身材，秀丽的容貌，温婉的柔情；天性中的自立、自信又使她坚韧好强，像一只想飞的小鸟向往广阔的天空。

她个子高，自小就加入了篮球队。尽管她并没有在这个适合高个子的职业中发挥出自己的才能，找到自己的位置，但运动员的经历却强化了她的个性：倔强，好胜，要么不做，要做就一定做到底。

1990年，陈娟红退出篮球队，暂时到一个纺织厂当工人。那时，模特业在中国刚刚开始，做模特还是很新奇和神秘的职业，人们对它的了解和理解都不多。常常有人说陈娟红像模特，她自己也相信如此。正好离她家不远的杭州嘉德宝时装队招人，她就去报了名，结果是顺利考上，从此踏上了T台。从1990年到1992年短短的三年中，她获得了众人瞩目的几项大奖，成为超级名模，中国时装模特界的第一。

陈娟红获得的成功比别人大，但她吃的苦也比别人多。她的模特生涯并不是一帆风顺的，也有过跌宕起伏、喜悲忧乐。成就她的是她的经历与性格。她不像大多数模特那样来自城市家庭，从小娇生惯养，虽然身体条件很好，但对生活的理解缺乏深度。她从小生长在小地方，父母都是普通工人，上有哥哥，下有弟弟，经济条件不好，想娇惯也不能，她母亲只能尽量从感情上照顾她。因此，她从小就很懂事，不怕吃苦。她知道要得到就得先付出，要成功就需要拼搏。因此到了模特队后，她训练得特别刻苦，每天练习都要比别人多很多时间，即使是一个微笑她也会练习许多遍，别人都说她真能拼命。人们都以为做模特的生活浪漫、快活，但实际上她是常常忙得没有属于自己的假日。

陈娟红认为要成为名模，首先要有良好的身体条件，还要具备对服装、音乐强烈的感受力、理解力和深刻的表现力，再有就是忘我的精神。外在的美代表不了永恒，真正的美应该从内到外。她在演绎服装时，总是试图去理解、再现服装的灵魂，将自己与服装融为一体，赋予服装以灵气。陈娟红已是模特界的宠儿，许多服装公司纷纷与她签约；一些服装公司还聘她为中国形象代表。

因积劳成疾，陈娟红的颈部隐隐作痛，她没当一回事。后来症状加重，实在难以忍受了，她就用毛巾热敷，或者贴几张药膏，又开始走南闯北了。尝试过拔火罐、针灸、搽药酒等疗法。可治疗一段，疼痛也没有缓解。陈娟红尝试了几乎所有的保守治疗方法，还是没能达到预期的疗效。

2003 年 3 月，陈娟红因患上严重的颈椎间盘突出症，在北京一家医院做了手术，孰料术中有 2 毫米的刀尖断裂，遗留在颈椎 5~6 节间盘内，这意味着随时都有可能使中枢神经受损，从而导致高位瘫痪。很长一段时间里，她拒绝了纷至沓来的邀约，尽量减少颈部运动，为了避免发生意外，静养在家。

2005 年春节后，陈娟红逐渐恢复到几年前的良好状态。她难以割舍自己的 T 台情结，那个给她光荣与梦想的舞台，她决定再上 T 型台。家人坚决反对："你去演出时，要穿高跟鞋，戴上沉重的水晶头饰，化妆和排练又需要很长的时间，颈椎哪能吃得消？”陈娟红说：“这么年轻就闲在家里，我哪能做得到？”命运似乎在陈娟红的人生路上铺设了礁石，那两毫米的刀尖考验着她的颈椎，也阻滞着她的梦想前行。既可以触摸T台，又不会危及颈患，经再三考虑，陈娟红决定从台前走到幕后，创办服装模特职业培训学校，把更多的优秀新人推上T型台。没多久，陈娟红在家人的全力帮助下，有了自己的服装模特职业培训学校。她全身心地投入到教书育人的工作中去，大胆地推出了精英模特研修班课程，还尝试着与全国多家模特经纪公司合作办学等。

美国麻省理工学院曾经进行过一个有趣的实验，实验的目的是测试南瓜可以承受多大的压力以及在压力下会产生什么样的变化。他们用很多铁圈牢牢的将一个小南瓜捆住。最初，他们估计南瓜顶多能够承受500磅的压力，然而，在试验的第一个月，南瓜承受的压力就达到了500磅，当它承受到2000磅压力的时候，铁圈竟然被撑开了，实验者不得不重新更换并加固铁圈。当整个南瓜承受了超过5000磅压力后，南瓜皮破裂了。众人掰开南瓜，发现它已经无法食用了，为了突破包围它的铁圈，南瓜瓤里充满了粗粗的、坚韧的纤维。

一艘货轮卸货后返航，在浩瀚的大海上，突然遭遇巨大风暴。惊慌失措的水手们，急得团团转。老船长果断下令：“打开所有货仓，立刻往里面灌水。”水手们担忧：“险上加险，不是自找死路吗？”船长镇定地说：“大家见过根深干粗的树被暴风刮倒过吗？被刮倒的是没有根基的小树。”水手们半信半疑地照着做了。虽然暴风巨浪依旧那么猛烈，但随着货仓里的水越来越满，货轮渐渐地平稳了。

船长告诉那些松了一口气的水手：“一只空木桶，是很容易被风打翻的，如果装满水负重了，风是吹不倒的。在船上负重的时候，是最安全的时候，空船时，才是最危险的时候。”

陈娟红化解危机，抵住压力，走出命运的低谷，在T型台下实现了华丽的转身，通过自己的学生将梦幻之美带给国内外无数观众……如果把颈椎病患仅仅当作一项压力的时候，痛苦惆怅，忧虑萎靡，她就不能真正面对生活;当她把压力化作动力的时候,生活就选择了她。

有人问她:在事业的巅峰时刻,你却因为疾病告别T台,你的遗憾和抱怨多么?

陈娟红回答:不能继续在T台逗留,我确实遗憾,可是我没有抱怨,我觉得我反而拥有了更多,我能够更多关注我的健康,而我的学生在延续着我的梦想和辉煌。

逐梦箴言

有时候,正是压力产生了动力。当磨难来袭,最智慧的抉择也就自然产生了。

知识链接

磅(lb)

英美制质量或重量单位,符号lb。1磅等于16盎司,合0.4536千克。

没有沉没的伤船

19世纪的时候,英国劳埃德保险公司从拍卖市场买下的一艘船具有不可思议的经历:这艘船1894年下水,在大西洋上曾遭遇138次冰山,116次触礁,13次起火,207次被风暴扭断桅杆,然而它从没有沉没过。

但是,让这艘船名扬天下的不是劳埃德保险公司,而是来船上观光的一名律师。当时,他刚打输了一场官司,委托人自杀了。尽管他以前也有过失败的辩护,而且也不是第一次遭遇当事人因败诉而自杀的事件。但是遇到这样的事,他还是有一种负罪感。他不知道该如何安慰那些遭受了人生不幸的人,他们有的被骗得血本无归,有的被罚得倾家荡产,有的因输了官司而落得债务缠身。他看到了这艘船,忽然想,为什么不让他们来参观这艘船呢?看看这艘遭遇了无数次磨难却永不沉沦的船,也许会对他们有一些启发。于是他就把这艘船的历史抄下来,和照片一起挂在他的律师事务所里。每当商界的委托人请他辩护,无论输赢,他都建议他们去看看这艘船。

船在大海中航行,难免会遇到险风恶浪,受到损害也是自然的。我们在生活中也难免会遇到突如其来的风浪。如果我们始终纠缠于这些不幸,无疑是在扩大自身的伤口,最后难免沉沦。所以我们要想办法摆脱过去的失败和痛苦,如此才能以坚强的姿态搏击风雨。我们被磕击,刮蹭,但绝对不能够沉沦。

其实每个人都是一只在生活的海洋中航行的船。生活中的各种压力

就是我们的负担。这些压力虽然有时会令我们疲累、烦躁，但它同时也是保证我们前进的动力；若没有这些压力，我们就很容易被生活的波浪打翻。

假如，陈娟红在命运的低谷顺势下滑，全身退隐，一味抱怨，她的那些学生可能就缺少了一个追梦平台，而她自己也丢失了一个创新自我、突破自我的机会。没有人知道，命运会在哪里开个玩笑。但成功的人都知道怎样在命运的捉弄里，保持积极乐观的心态，等待门关后的窗开。窗外风景更精彩。

人生路上难免偶遇风雨。我们要把这些磨难当成一种激励，是它让你的目标更加明确，是它让你的意志更加坚强。

陈娟红

前方转弯

福斯特·哈利是一名房屋修缮工,做他这一行必须身手敏捷、行动自如地在屋檐上爬上爬下。这些对福斯特来说都是轻而易举的事情。33 岁时,福斯特就在他的行业当中有了不小的名气。

然而,34 岁生日后不久,一辆汽车碾断了他的右腿,他被迫退出了他视为骄傲的行当。停止房屋修缮工作,也就意味着失去了收入。他除了会做点儿木匠活外,没有其他谋生的才能。“我痛苦极了,”福斯特回忆道,“我的货车和工具都在静静地等着我,但我已经拄上了拐杖,再也不能爬梯子,它们对我来说还有什么用呢?”然而,福斯特并没有自暴自弃。一天,他在报纸上了读到一则短新闻,上面说最近人们对修缮老房子非常感兴趣。他的脑子里忽然冒出了一个想法:为什么不把会修缮技术的人组织起来,成立一个房屋修缮公司呢?没有修缮技术的,如果想加入他的公司,他可以把他的技术传授给他们。这样的话,既可以帮助别人,也可以使自己的生活好过些。

现在,福斯特的公司已经声名远播。他的团队不但修缮房屋,还承担了当地历史古迹的复原工作。“车祸之前,我靠当木匠过着安逸的生活,”福斯特说,“现在,我知道我可以把这一行做得更大、更有成就感。”

挫折、打击就如同乌云,它只会暂时遮蔽光明,暴风雨,总是会卷走阴霾与尘埃的。

只要我们超越它,就会看到彩虹。

1984年,可口可乐公司遭到百事可乐公司强有力的挑战。为了扭转不利的竞争局面,可口可乐公司把重任交给了塞吉诺·扎曼。扎曼主张更换可口可乐的旧模式,标之以新可口可乐,并对其大肆宣传。在新的营销策略中,扎曼犯了一个严重错误,他自以为是,根本就没有考虑到顾客口味的不可变性,他将老可口可乐的酸味变成甜味,违背了顾客长久以来形成的习惯。结果,新可口可乐成为继美国著名的艾德塞汽车失利以来最具灾难性的新产品,以至79天后,老可口可乐 就不得不重返柜台支撑局面 改为古典可乐 。扎曼的失败对他在公司的地位造成了巨大的负面影响。不久,饱受攻击的他黯然离职。当扎曼离开可口可乐公司以后,有14个月他没有同公司中的任何人交谈过。对于那段不愉快的日子,他回忆道:那时候我真是孤独啊!但是他没有关闭任何门路。他和另一个人合伙开办了一家咨询公司。在亚特兰大一间被他戏称为扎曼市场的地下室里,他操纵着一台电脑、一部电话和一部传真机,为微软公司和酿酒机械集团这样的著名公司提供咨询。他的信条是:打破常规,敢于冒险 。在这个信条的指引下,扎曼为微软公司、米勒·布鲁因公司为代表的一大批客户成功地策划了一个又一个发展战略。最后,甚至连可口可乐也来向他咨询,请他回去整顿公司工作。可口可乐公司总裁罗伯特承认:我们因为不能容忍错误而丧失了竞争力,其实,一个人只要运动就难免有摔跟头的时候。

扎曼再次成功,证明了他是一位有勇气面对解雇、降职,以及某种程度的失败,最后又能东山再起的人。

奥斯特洛夫斯基曾经说过:“人的生命像洪水在奔流,不遇到岛屿暗礁,难以激起美丽的浪花。”每个人都要成长进步,在这个漫长的过程中,不会总是大道和坦途,也有坎坷和山路;不会都是鲜花和掌声,也有荆棘和冷落;不会只有阳光和笑脸,也有阴霾和怒斥。现实生活必定逼着我们提高抗挫折能力。唯有如此才能享受到成功带来的喜悦。知道面对挫折,会使我们开启心智,抵御暴风骤雨的承受能力,遭遇挫折能够泰然处之;懂得享受挫折,会使我们明白生活的艰辛、成功的艰难,激发斗志,永不消沉;学会战胜挫折,会使我们总结经验,把绊脚石当作踏脚石,走的更稳更远。

当年,克里斯朵夫·李维,是以主演美国大片《超人》而蜚声国际影坛

的。然而 1995 年 5 月，正当他在好莱坞红极一时、风光无限之时，一场飞来横祸改变了他的人生。原来，在一场激烈的马术比赛中，他意外地坠落马下，顿时眼前一片黑暗。几乎是转眼之间，这位世人心目中的“超人”和“硬汉”形象化身的他，就从此成了一个永远只能固定在轮椅上的高位截瘫者。当他从昏迷中苏醒过来，对家人说出的第一句话便是：让我早日解脱吧。出院后，为了让他散散心，平缓他肉体和精神的伤痛，家人便推着轮椅上的他外出旅行。

有一次，小车正穿行在落基山脉蜿蜒曲折的盘山公路上。克里斯朵夫·李维静静地望着窗外，发现每当车子即将行驶到无路的关头，路边都会出现一块交通指示牌：“前方转弯！”或“注意！急转弯”的警示文字赫然在目。而拐过每一道弯之后，前方照例又是一片柳暗花明、豁然开朗。山路弯弯、峰回路转，“前方转弯”几个大字一次次地冲击着他的眼球，也渐渐叩醒了他的心扉：原来，不是路已到了尽头，而是该转弯了。他恍然大悟，冲着妻子大喊一声：“我要回去，我还有路要走。”

从此，他以轮椅代步，当起了导演。他首席执导的影片就荣获了金球奖；他还用牙关紧咬着笔，开始了艰难的写作，他的第一部书《依然是我》一问世，就进入了畅销书排行榜。与此同时，他创立了一所瘫痪病人教育资源中心，并当选为全身瘫痪协会理事长。他还四处奔走，举办演讲会，为残障人的福利事业筹募善款，成了一个著名的社会活动家。

最近，美国《时代周刊》以《十年来，他依然是超人》为题报道了克里斯朵夫·李维的事迹。在这篇文章中，他回顾自己的心路历程，说：以前，我一直以为自己只能做一位演员，没想到今生我还能做导演、当作家，并成了一名慈善大使。原来，不幸降临的时候，并不是路已到了尽头；而是在提醒你：你该转弯了。船有创口而不沉。陈娟红面对健康的击打，没有让自己的模特生涯中止的同时对模特职业的热爱也戛然而止，没有就此灭迹于自己钟爱的模特业，而是转了一个完美的弧线圈，把自己所学所得转交给更多热爱和追逐模特梦的孩子们，让自己的学生继续自己的梦想。

每个人都期待着完美，事实却是没有人可以随心所欲的主宰自己的生活。

我们期待所有的故事都有圆满的结局，但我们应该知道前方的道路上可能四处泥泞！

有些未遂的愿，有些缺憾的事，有些未达的地，总会在我们生活的美丽画卷中出现。要学会接受它、化解它。

■ 给我来一个红色的

抛开耀眼的明星和媒体传播的“感动”，其实每一个人的身边都会有能够给你以启迪的人和事。他们如暗夜中的一点微光，让你感到慰藉，让你不再恐惧，让你明确方向。

有人把成功看作是拥有豪奢的物质生活，或显赫的声名，或在事业上颇有成就。事实上，成功还应该有另一种诠释，就是无论面对什么样的生活，都可以积极向上的生活，都可以在艰难的地方站起来，继续向前走，有健全的人格品质和健康的心态情操，把握自己的生活，打扫自己的内心，不断进步。如果一个人有健康的心态，自强不息的品质，愉快的生活，一帮从善如流的朋友，互相敬爱的家人，有他自力更生的工作，有充实的业余生活，能够积极的理智的成熟的看待他所处的环境，他的所得所失，他的人生，他就是一个相当成功的人。

我就认识这样一个人，他是我做腰间盘按摩的中医治疗师，一个盲人。

我的腰间疾病很严重，有时候犯了，别说如何的疼痛，就是行走都吃力，胯骨麻木等症状，都会有。每每犯病，他就是解除我痛苦的强效针。他的盲人按摩院在我们这里是很有名气的。我还记得第一次去他的按摩院的情形。推门进去，房间里难得的空气清爽，床位规整，布置简洁。墙上有一幅字，“智者动脑，勤者动手，医者动情”。这样的情形自然是在我心里留了好印象。当时他正在做治疗，脸迎向我进门的位置，很礼貌地招呼我。那是一张干净的脸，五官轮廓清晰帅气。我没有觉出他的不同，如果不是

事先知道他是盲人,我根本看不出他与健全人有哪点不同。

后来我发现,他在那个空间里活动自如,他能够很准确的判断床与床的距离,可以准确的绕开所有的障碍物,包括客人放在地上的鞋。很长一段时间,我都在想,这么一张帅气干净的脸,这么活动自如的人,怎么会失明呢?开始一段时间,我没有问过他的眼睛是怎么坏掉的,我的好奇止步于礼貌和尊重。时间久了,我婉转的探知了他眼睛的事。在他十岁的时候发高烧烧坏了视网膜,开始有一只眼睛是可以模糊视物的,后来在13岁的时候就彻底失明了。正是因为他是后天失明,所以他能够描述事物的时候加上关于颜色的词语。他说他喜欢红色,他说红色是生命的颜色,是浓烈和快乐的,尽管他看不到了,可还是会在购买物品时说上一句,“给我来一个红色的”。可能有人会觉得一个盲人挑选颜色的行为,是那么的多余,显得矫情或滑稽。而我,却把这点看作是他享受生命的一根触须。他,是个热爱生命、热爱生活、顽强乐观的人。

有些顾客,之所以选择他做治疗,一是相信他的手艺,觉得盲人的触觉和听觉灵敏,更能够专注于技术。二是来给心灵加一点马力,看着一个盲人把生活弄得朝气蓬勃,对比着,就能够缓解许多压力,排解许多烦恼。

有一个老顾客,每次来都絮絮叨叨,孩子多么叛逆,老公多不省心,工作多不如意,日子多不容易……听着的,都会觉得生无可恋了。几次对话后,他端来一杯水,放到顾客身边不远处,要顾客闭着眼睛摸到,并且不能碰洒水。那个人试了几次,失败了。他对顾客说,你如果天天都要做这样的事情,就知道什么容易什么不容易了。那顾客,再没有抱怨过。

他拥有完整的家庭,一个读小学三年级的女儿,一个妻子。

平时,他的妻子很少下楼,只有到女儿回来时,母女俩会拉着手出去散步,或购买些简单家用,与众不同的是,每次出去回来,都一定会捡回几个空饮料瓶,然后放到固定的箱子里,坏天气的时候出不去,她就会显得焦躁。时间久了,我发现,在母女俩外出时,他会给十块二十块的零花钱,但他的钱是交给女儿而不是给妻子,也总要叮嘱女儿一句:“看好妈妈。”

有一次,女儿慌慌张张的从外面跑回来,拉着爸爸的手往外就走,嘴里

说："快点，妈妈在门口。"他跟着就往外跑。我和其他患者也跟着出门。看见他的妻子就倒在离家几步的路边，口吐白沫，两眼翻白，四肢抽搐。我们吓坏了，他却镇定的说没事、没事。他大声的要求围观的人散开，快速蹲下来，麻利的把一只胳膊伸到妻子头下，用另一只手拇指按住她的人中。几分钟后，妻子恢复了直觉，她除了眼神呆滞，步态晃缓，似乎没有大碍。他们互相搀扶着回到家里。整个过程，我没有看出他的惊慌。想必这样的情况，他已经不止一次面对。

那次之后，我知道了他的故事。

他的妻子，是一个健全的人，但是在一次车祸后得了后遗症，有癫痫病。当时他们的女儿刚 3 岁。妻子的病说犯就犯，常常是怀抱孩子就突然倒地。家里，路上，时常说倒就倒。他那个时候刚刚做按摩，没有太多的经济基础，顾不了看护人员。而且妻子的病不定期发作，也没有办法 24 小时看护。他是当爹、当妈、当医生、当看护，多职在身。这样的压力和角色，对一个健康的人都是一种挑战，不要说是一个双目失明的人，很难想象，他是怎么度过那些艰难的日子的。

而他在讲述这些的时候，语气平静的就像是在讲述别人的故事。

我问他有没有抱怨过，他却说出了让我吃惊的话：

"抱怨？怨什么呢？怨自己是个盲人吗？我失明了，可是我有手啊，我能够用手艺赚钱养家，多好。我有脚，想去哪抬腿就走，没有失去自由，多好。我有耳朵和嘴，能够和人说话交流，不用比比划划，多好啊。我媳妇，有病，可她不犯病的时候能够帮我洗洗涮涮，跟我说话，孩子有个亲妈，多好。最幸福的，是我们的女儿，她那么健康，而且一天一天在长大，会渐渐帮着我照顾这个家，多好！"

说多好的这个人，现在拥有两所商业门面。一所是他自己的按摩院，一所是提供给盲人的小型学校，很多盲人在那里可以学习关于按摩技术和电脑的知识。他的父母也和他住在一起，有专门的保姆照顾起居。他还捐款给希望工程。

这个人真的很好，心态健康，自强不息，善己助人。

许多人在不满意自己的生存状态时，往往生出抱怨，觉得没有别人生活的幸福快乐是自己没有高官富豪的背景。抱怨自己的人生所得太少，是命运的不公，在抱怨里失去拥有快乐的法宝——知足和感恩。陈娟红没有抱怨在自己事业中天时，疾病把她拖拽下T台；按摩师没有抱怨命运抛给他的不幸，化解恶势，坦然面对让她们战胜挫折和磨难，越行越远，越挫越勇。

逐梦箴言

人生旅途，难免会有困难、坎坷抑或是沉重的打击。面对这些，你可以伤心，你可以悔恨，但重要的是不能丧失面对它的勇气，要有勇气战胜自己。

有人说：人生就像一枚硬币，如果你上抛硬币N次，你会发现，得到正面和反面的几率是一样的。所以人一生的幸福与不幸的几率也是一样的。如果你把不幸都尝尽了，那么剩下的就都是幸福了！要把失败、不幸、波折和痛楚读懂，受挫一次，对生存的理解加深一层；失误一次，对人生的觉醒增加一级；不幸一次，对凡间的认识成熟一分；苦难一次，对乐成的内涵感悟一遍。波折是人生路上的碎石，把“绊脚石”踏在脚底下，成为“垫脚石”，会让我们踏过泥泞走的更远。

有一种东西叫弹簧，你压他一下，它就弹一下，你越使劲压他，他弹得越高；有一种光，我们叫它彩虹，它七彩纷呈，总是出现在风雨后。

知识链接

模特职业培训

把模特定义为一种特定的职业还是定义在表演艺术范畴，

知识链接

这一基本理念上的争议从没有过一致，各自延伸出的教育模式却在中国得到了超乎寻常的发展。自 1979 年模特的概念进入中国起，短短十几年间，随着中国服装产业的的持续发展，模特这一行业也得到空前的壮大，并随着市场的不同需求，模特行业在类别上也得到了延伸。或许中国是一个崇尚教育的国家，高等院校开设模特表演本科教育可谓势在必行，于是，纺织类高校、艺术类高校、体育类高校、师范类高校，甚至综合类大学也都将模特表演纳入高等艺术教育范畴，这在国外是前所未有的。应当承认，这种模特高等教育模式十几载的探索研究努力，为国内培养了大量的高素质模特专业人才，也为国内的模特行业奠定了有力的文化基石。由于这些院校是以艺术考试的分数标准招收学生，更为一些文化成绩不理想，但自身条件却得天独厚的俊男靓女考生开辟了一条进入大学的理想道路。

智慧心语

竹杖芒鞋轻胜马，谁怕！一蓑烟雨任平生。

——苏轼

如果人是乐观的，一切都有抵抗，一切都能抵抗，一切都会增强抵抗力。

——瞿秋白

过去属于死神，未来属于你自己。

——雪莱

能克服困难的人，可使困难化作良机。

——丘吉尔

积极的心态，包含触及内心的每件事情——荣誉、自尊、怜悯、公正、勇气与爱。

——福克纳

第八章

掌控自我

河莉秀

导读

一个人的一切成功，一切造就，都完全取决于自己。在不损害他人利益也不侵害他人权益的情况下，遵从自我，掌控自我，坚持自我。自己独立思考，拥有自己的主见，勇敢地去拼搏，开拓属于自己的天地。

保持本色，坚持自我

玛丽是一个患有肥胖症的女孩。玛丽有一个很古板的母亲，她认为把衣服弄得漂亮是一件很愚蠢的事情。她总是对玛丽说："宽衣好穿，窄衣易破。"母亲也总是这样来帮玛丽穿衣服。玛丽从来不和其他的孩子一起做室外活动，甚至不上体育课。她非常害羞而且很敏感，觉得自己和其他人都"不一样"，完全不讨人喜欢。

长大之后，玛丽嫁给一个比她大好几岁的男人，可是她并没有改变。她丈夫一家人都很好，对她充满了信心。玛丽尽最大的努力要像他们一样，可是她做不到。他们为了使玛丽开朗而做的每一件事情，都只是令她更退缩到她的壳里去。玛丽变得紧张不安，躲开了所有的朋友，情绪坏到她甚至怕听到门铃响。玛丽知道自己是一个失败者，又怕她的丈夫会发现这一点。所以每次他们出现在公共场合的时候，她假装很开心，结果常常做得太过分。事后，玛丽会为这个难过好几天。最后不开心到使她觉得再活下去也没有什么意义了，玛丽开始想自杀。后来，是什么改变了这个不快乐的女人的生活呢？只是一句随口说出的话。

是的，随口说的一句话，改变了玛丽的整个生活。有一天，她的婆婆正在谈她怎么教养她的几个孩子，她说："不管事情怎么样，我总会要求他们保持本色。"

"保持本色！"就是这句话！刹那，玛丽发现自己之所以那么苦恼，就是因为她一直在试着让自己适合于一个并不适合自己的模式。

玛丽后来回忆道:“在一夜之间我整个儿改变了。我开始保持本色。我试着研究我自己的个性、自己的优点,尽我所能去学色彩和服饰方面的知识,尽量以适合我的方式去穿衣服。主动地去交朋友,我参加了一个社团组织——起先是一个很小的社团——他们让我参加活动,使我吓坏了。可是我每发一次言,就增加一点勇气。今天我所有的快乐,是我从来没有想到可能得到的。在教养我自己的孩子时,我也总是把我从痛苦的经验中所学到的教给他们:‘不管事情怎么样,总要保持本色。’”

玛丽的故事告诉我们,一个人要想生活得快乐,最重要的就是要保持自我本色。只有坚持自我,保持本色,按照适合自己的模式去生活,你才会拥有快乐的人生。

Valentijn de Hingh 是一位公开的变性人,是时尚界著名的变性超模。美貌的 Valentijn 有着 186 厘米的身高以及高高的颧骨,不仅热衷于时尚,也醉心于文学创作。17 岁的时候,作为一个身高 180 厘米、有着令其他模特羡慕的高高颧骨的模特,Valentijn 很容易就和阿姆斯特丹一个模特经纪公司签约了。很快,她被送到了巴黎,为 Martin Margiela 和 Comme des Garcons 等品牌走秀。

Alexander McQueen 和 Olivier Theyskens 是她最喜欢的设计师,Isabella Blow 是她最喜欢的时尚偶像。不无巧合的是,他们都是因为其戏剧性的设计或是古怪的生活成为众人皆知的时尚圈名人。

而 Valentijn de Hingh 自己就是一个遵从本心的人。当还是个 8 岁小男孩时,他第一次参与纪录片的拍摄,那是一个以儿童性别认同障碍为主题制作了电视节目的形式。

纪录片制作人 Hetty Niesch 想到了要长期拍摄 Valentijn,以记录 Valentijn 长期的生活以及她在将来做出的选择。此后,拍摄持续了九年,2007 年,纪录片在荷兰电视台播出,人们很快意识到这是对一个变性孩子生活的独特剖析,囊括了其遇到的一切困难。在播出此纪录片之前,Valentijn 已经做了变性手术,而正是此纪录片的播出,令 Valentijn 在一定程度上舒缓了心情。

2010年,Valentijn成为阿姆斯特丹著名的模特经纪公司Paparazzi的一个助理,在那里,她的超模经验发挥得很好。

与此同时,时尚圈的变性超模开始活跃起来,例如Lea T.和Andrej Pejic。Valentijn的事业重新启动的时间似乎正是好时机。

几个月后,她飞到了纽约。这是她人生中第一次来纽约,和Patrick Demarchelier以及Katie Grand一起登上LOVE杂志。她还与Benjamin Alexander Huseby为Luis Venegas最受热议的Candy magazine进行拍摄。很显然,她的模特事业再次火热起来,现在的Valentijn经常现身一些著名杂志。

同时,Valentijn还在阿姆斯特丹大学学习文艺学。

她愿意在将来尝试时尚新闻行业,因为那可以把自己对时尚的兴趣和对写作的爱好联系在一起。目前,作为阿姆斯特丹著名网站的作者,她已经做得相当成功了。

坚持自我是个艰难的生活方式,而坚持自我却是享受生命的过程。

只有做真实的自己,用喜欢的那个"我",找准最擅长的事,才能最大限度地发挥自己的潜力,调动自己身上一切可以调动的积极因素,并把自己的优势发挥得淋漓尽致,从而获得成功。反之,那些不知道自己想要什么,不知道自己擅长什么的人,总是在别别扭扭地做着自己不喜欢、不擅长的事,以至于没有足够的热情,在任何一个领域都不能脱颖而出,更谈不上成就大事了。

逐梦箴言

要想让自己拥有一个成功的人生,充分认识自我,发挥自己的优势是至关重要的。人生这部作品每个人自己才是真正的作者,活出自己的价值才是最重要的。

知识链接

时装周

全世界有四大著名时装周，分别在四个国际大都市举行，她们是意大利的米兰、英国的伦敦、美国的纽约、法国的巴黎。当然，除了四大时装周之外，还有一些其它小型时装周，国内常在上海和北京或者台湾、澳门，日本常在涉谷和原宿，都是在一些比较多的时尚地区展开，非常受青睐。四大时装周每年一届，分为春夏（9、10 月）和秋冬（2、3 月）两个部分，每次大约在一个月内相继举办 300 余场时装发布会。

■ 坚持走自己的路

当下巴西最红的超级模特、年仅30岁的莱亚·T，一年前才走上国际T台，也许算不上艳冠群芳，却是最受人关注、上升势头最猛的一颗新星。

莱亚本人坦承，她的新身份当初对父亲来说并不是容易接受的事。“他连提及此事都不愿意。”她曾告诉一家巴西电台。在接受美国《名利场》杂志采访时，她说自己从未向父亲“直接说过”自己正在接受激素治疗，两人之间只谈些无关紧要的小事。

在贝洛奥里藏特创建了异性癖与易装癖者联盟的拉罗什说，塞雷佐的反应在意料之中。“在一个崇尚阳刚气质、拉美特色的天主教文化中……(家庭对变性人的反应)是全然的否认。我们从上小学起就被孤立，首先孤立我们的正是我们的家庭。”

尽管拥有良好的教育和家庭背景，变性人身份带来的困扰和孤独始终萦绕着莱亚。少年时代的莱亚对自己的性向深感困惑，觉得有时候喜欢女人，有时候喜欢男人，这种困惑有时甚至让她产生自我厌恶的情绪。当她发现“易性癖”的存在时，“我先是感到好奇，接着恐惧畏缩，告诉自己‘我不是那样的’。”她回忆道。

如今走在大街上，她仍然会遭遇陌生人的异样目光甚至嘲笑，为促进变性而服用的药物也会带来一些让人无所适从的副作用。“我在街头游荡，体内充斥着荷尔蒙，心情抑郁，而人们在背后嘲笑我。”她曾如此描述自己的困境。

别人的侮辱和歧视性言辞让她慢慢学会封闭自己。在意大利期间，她低调生活，学过艺术的她为造型设计师帕蒂·威尔逊当助理，收入微薄，直至蒂希把她引入模特界。她在时尚界迅速走红，但家人最初对她以变性人身份从事这份抛头露面的职业感到难以接受。“我妈妈有7个姐妹，全都超级传统，全都是典型的天主教徒，一开始没人高兴听这个消息，”莱亚说，“不过没人因此抛弃我。”她记得共有7名亲属专程到里约热内卢看她的T台表演。父亲塞雷佐后来也公开表达对她的祝福。

不过，今天的她已经能平静地对待自己的变性人身份。她仍在继续接受激素治疗，为最后一步变性手术做准备，到时她将变成一个真正的女人，而且再没有回头路。

1842年3月，在百老汇的社会图书馆里，著名作家爱默生的演讲激动了年轻的惠特曼：“谁说我们美国没有自己的诗篇呢？我们的诗人文豪就在这儿呢！……”这位身材高大的当代大文豪的一席慷慨激昂、振奋人心的讲话，使台下的惠特曼激动不已，热血在他的胸中沸腾，他浑身升腾起一股力量和无比坚定的信念。他要渗入各个领域、各个阶层、各种生活方式。他要倾听大地的、人民的、民族的心声，去创作新的不同凡响的诗篇。

1854年，惠特曼的《草叶集》问世了。这本诗集热情奔放，冲破了传统格律的束缚，用新的形式表达了民主思想和对种族、民族和社会压迫的强烈抗议。它对美国和欧洲诗歌的发展有着巨大的影响。

《草叶集》的出版使远在康科德的爱默生激动不已。诞生了！国人期待已久的美国诗人在眼前诞生了，他给予这些诗以极高的评价，称这些诗是“属于美国的诗”，“是奇妙的”、“有着无法形容的魔力”，“有可怕的眼睛和水牛的精神。”

《草叶集》受到爱默生这样很有声誉的作家的褒扬，使得一些本来把它评价得一无是处的报刊马上换了口气，温和了起来。但是惠特曼那创新的写法，不押韵的格式，新颖的思想内容，并非那么容易被大众所接受，他的《草叶集》并未因爱默生的赞扬而畅销。然而，惠特曼却从中增添了信心和勇气。1855年底，他印起了第二版，在这版中他又加进了二十首新诗。

1860年，当惠特曼决定印行第三版《草叶集》，并将补进些新作时，爱默生竭力劝阻惠特曼取消其中几首刻画“性”的诗歌，否则第三版将不会畅销。惠特曼却不以为然地对爱默生说：“那么删后还会是这么好的书么？”爱默生反驳说：“我没说‘还’是本好书，我说删了就是本好书！”执著的惠特曼仍是不肯让步，他对爱默生表示：“在我灵魂深处，我的意念是不服从任何的束缚，而是走自己的路。《草叶集》是不会被删改的，任由它自己繁荣和枯萎吧！”他又说：“世上最脏的书就是被删灭过的书，删减意味着道歉、投降……”

第三版《草叶集》出版并获得了巨大的成功。不久，它便跨越了国界，传到英格兰，传到世界许多地方。

爱默生说过：“偏见常常扼杀很有希望的幼苗。”为了避免自己被“扼杀”，只要看准了，就要充满自信，敢于坚持走自己的路。

很小的时候我们就知道《父子骑驴》的故事，在别人的舆论里，那头棘手的驴子，牵也不是；骑也不是；抬也不是……

一个人应该做生活的主角，不要将自己看做是生活的配角，要做命运的主宰。每一个失败者，总是不知道自己是谁，也不知道自己在做什么；而成功者，他们总是能非常清晰的认识到自己。

成功者需要的是自主，他们总是自己担负生命的责任，而决不会让别人虚妄地驾驭自己。在生活道路上，必须善于作出抉择，不要总是让别人推着走，不要总是听凭他人摆布，而要勇于驾驭自己的命运，调控自己的情感，做自我的主宰，做自己命运的主人。

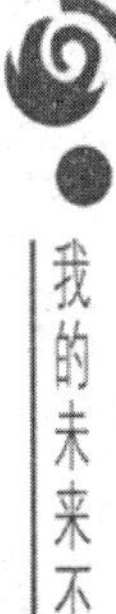

做真实的自己

不避讳公众关注，与这两位变性模特一样选择变性人生的还有韩国一名堂堂男子汉。他经过变性后，摇身变为性感女神，风靡万千观众，短短四年间，更成为广告、乐坛及电影界的新宠儿。“她”绝不吝啬比女性更完美的身段，其写真集，以比基尼泳装，甚至半裸上阵，展示优美体态，诱惑全亚洲 Fans-这是一个现代传奇，她的名字叫河利秀。

今年 36 岁的河莉秀，9 年前在日本完成变性手术，由一名男性成功变为“连女人都妒忌”的美丽变性人。“她”凭 35D、24、35 魔鬼身材，以及四十二寸长腿、标致脸孔，再加上妩媚诱人眼神，立刻被韩国星探发掘为模特儿，参与拍摄不少硬照广告。对于未成为女人前，一直在酒吧工作的河莉秀来说，“变身”确实为她带来重大的改变，堪称人生的转折点。

河莉秀被称作是韩国最美的变性人。河莉秀拥有东京设计学院发型设计科学历，现在是职业歌手。她代言了 DoDo 化妆品、CF So Basic 等，还出演了电影《黄头发 2》。从变性成功到歌唱事业大红大紫，二者互为因果，因此有人说，河莉秀“秀”的就是心跳。而且她曾经受到法国媒体以“具备国际歌手的条件，比起麦当娜与小甜甜布兰妮更有发展空间”的评语肯定。河莉秀演艺世界的一举一动都受到瞩目。

除了在舞台上光芒四射，这位中国式现代舞创始人特立独行的个人生活也广受关注。她半开玩笑半认真地说，“我是全中国最大的行为艺术，我这一生都是在做一个行为艺术。这个行为艺术不是维持一天，而是一直到

我死为止。我用我的生命、我的作品来做人,看社会怎么认同我,接受我。”这个人,是变性舞蹈家金星。

她的变性、她的婚恋,并非刻意营造,而是个体真实的需求。她为自己的生活讨得一份自由,同时也豁达地把评说的自由交给众人。变性是金星的一次重生。

1995 年住进北京香山医院时,金星就做好了最坏的打算,“把我自己这条命,交给老天爷了,看着办吧。”

她熬过了痛苦的手术期,从 120 斤瘦到 96 斤。变性手术是成功的,但是手术中一条小腿被压了 16 个小时,小腿肌肉到脚指尖神经全部坏死,很难恢复,即使恢复过来,也是一个瘸子。金星不信邪,咬着牙一瘸一拐地坚持锻炼,一年多以后,她又奇迹般地站在了舞台上。

她绝少提及那段时间的痛苦,在她的书中,她的恢复锻炼成了最简略最平淡的一节。事实上,作为一名出色的舞蹈家,面对医生的残废诊断,不可能没有过绝望。金星有一种近乎冷酷的聪明。她知道,这个社会是重结果不重过程的,失败者的痛苦,很少会有人同情。

青年时代发现自己与常人不同,他困惑过,他靠不停地舞蹈来发泄。手术那段时间,她只能静静地躺着流泪,因为太疼。她不呻吟,不叫喊,怕给医生护士添麻烦。她曾是一个水一样阴柔的男子,这会儿却变成了一个铁一样坚毅的女人。

她从 6 岁起就有做女人的幻想,16 岁就做好了做女人的准备,却等到 28 岁才做变性手术。她冷静地承认:我拼命地想先得到事业上的成功,只有先做一个成功者,社会才有可能接受我的与众不同。我比其他的变性人幸运,但这幸运是我咬断了牙自己挣来的。

1998 年,她成立了金星现代舞团。这是目前中国内地惟一的私人现代舞团。她先后带团赴韩国及欧洲各地演出,每到一地均能引起极大的“金星效应”,场场演出爆满,场场谢幕时间长达 15 分钟以上。

变性人,人们对其品评莫衷一是,但坚持自我、勇于突破和尝试与追求的精神是值得人们称赞的。我们无法获得更多关于变性模特的生活信息。

关于变性人,网络有这样一个文字故事:

故事的主人公叫中村雄一(化名),现在是日本某名牌大学的在校生。

雄一从小就身材娇弱,长的玲珑秀气,温婉文静,一点也没有男孩子的顽皮淘气劲儿。一直很少参加男孩子的游戏,性格十分内敛,就像个女孩儿。但他聪明伶俐,学习成绩总是名列前茅,优异突出,是老师和父母的骄傲。父母亲一直希望雄一能考上东大,然后都国外去留学深造,将来有个好的前程。他自己也很努力,朝着目标一步步的迈进。

时光荏苒,很快,雄一 13 岁了,青春期了。他突然发现自己一直都有一个很奇怪的想法,很喜欢女孩子那些漂亮的花花绿绿的服装,还有那些款式各样的高跟鞋子,觉得要是自己穿在身上也一定很美!也许是由于青春期发育的缘故,这种感觉随着年龄的增长越来越强烈。终于有一天,雄一背着父母,背着所有熟悉他的人,偷偷的买了一套女孩子的漂亮衣服,还有一些化妆品之类的女性用品。在一个周末的早上,等父母都出门了,他悄悄的拿出这些东西,把自己全副武装起来,化妆对于他来说好像是天生就会的本事,眼睛,眉毛,嘴等都化的很合体,不浓不淡,清爽丽人,本来就已经过耳长的头发,经过吹风机那么简单的一吹,一头简单漂亮的女孩子式短发成型了!他战战兢兢的走到镜子前,他惊呆了!被自己的样子吓住了!镜子里的他哪还是原来的他,明明就是一个漂亮的美少女嘛!他大胆决定,今天就这身装扮出门上街,看看别人能不能认出他是男还是女。他来到最繁华的商店街,果然如他所料,有好几个男孩子都向他吹口哨,也听见同龄的女孩子唏嘘羡慕的赞叹声!他知道他成功了!心满意足的悄悄的溜回了家里,正好父母还没回来,马上变回男儿身。把这身衣服像宝贝似的小心翼翼的叠好藏好。有了第一次成功的尝试之后,就会想有第二次。于是从那以后,只有有机会他就会悄悄的“变成”女孩子,出门逛街,玩耍,还认识几个要好的姐妹。

可是让他尴尬的是,他的女孩子衣服不敢洗,怕被妈妈看见,穿了几次实在脏得不行了,只好含泪把这些衣服偷偷的塞进了公共垃圾桶内。然后用他节省下的零用钱再买新的。这样的好日子并不长,大约是在雄一 15 岁那年,妈妈意外的发现了藏在他房间里的女孩子衣服。作为一个母亲,从来都是把这唯一的儿子当作珍宝一样小心翼翼的捧在手心儿里呵护着,

疼爱着，毕竟儿子一直都是那么的优秀，这让她感到很骄傲。但是现在，在自己的家里居然发现了这些奇怪的东西——女孩衣物，还是在儿子的房间里，她诧异不解，决定和孩儿他爸一起找雄一好好谈一次，探明究竟。谈话很直接，母亲直接切入主题，"雄一，父母有些事情不明白，想问问你，你的房间里为什么会有女孩衣物及饰品？"雄一最初的反应很是吃惊，自己一直掩藏的很好，她不知道妈妈是怎么会发现的。不过这样也好，纸终究是包不住火的，索性就把自己的感受都告诉父母吧，看看他们是什么想法。

稍微整理了一下自己的思绪，然后就把自己心里这些年的感觉感受都向父母诉说了。原来从小雄一在心里面就一只觉得自己天生应该是个女孩子，可是偏偏是男孩儿身，这种感觉一直折磨得他很痛苦，他根本控制不了自己的心里所想，因而所作的一切也都是不得已，现在说出来希望父母亲能理解他、帮助他。可事情并不像他想象的那样发展，父母亲一时难以接受这天大的事实，他们觉得儿子是在变态，有这种想法根本让人无法理解。于是他们大吵之后，开始对孩子进行管制，不让他接触任何女孩子衣物及用品。这样的方式更加激发了雄一的叛逆性，他想到了自杀，刀片对着手腕一点点的划下去，他看见自己的鲜血汩汩的流出来，最终还是没有那个勇气，没有完全下手，后来只留下了一道明显的疤痕。从那以后，他除了上课以外的时间都把自己关在黑黑的房间里，痛苦至极。突然有一天，他从电视里看到，原来有人也和他一样，对自己的生理性别与心里性别存在不一样的认识。他马上上网查阅。知道了自己这是一种病——性同一障碍病！性同一性障碍是肉体的性别与性自认不一致的现象，是属于精神病学领域的疾病。性同一性障碍是指从生物学角度来看是正常的男人或女人，自己对身体属于哪一性别也一清二楚，但其性意识中却确信性别属于与己肉体之相反性别，因此，迫切希望以那种相反之性别角色来生活。如果想治好这种病，可以通过变性手术，使自己真正的变成一个女人或男人，从而消除这种心理痛苦。既然知道了原因，他打算再和父母亲商谈一次，他决定作变性手术，希望得到父母的资助与支持。要不采用这种方法，他知道自己将痛苦一生，甚至真的会走向死亡。

满怀希望的和父母说出了心里的想法，结果换来的是绝望！父母不能接受一个养了十几年的儿子突然变成女儿，他们无法面对熟人的指点。事情激化

了,16岁的雄一做出了一个惊人的决定:离开家,离开父母,靠自己改变自己;父母一方也表明了态度,很坚决,只要他做变性手术,就与他脱离亲子关系,并放弃财产继承权。雄一彻底的灰心绝望了,毫不犹豫的在纸上签字画押,之后收拾必须衣物,离开了生他养他16年的家,开始了一个人的流浪。

要想生存,还要读书,就必须工作赚钱,已经过16岁的他,按照日本的有关法律规定,他已经可以打工了。安顿好了住宿之后,按照电视上介绍的原话说,"他开始了地狱般的生活。"因为从离家的那一刻起,在外表上他就已经公开的以女性身份自居了。这给他带来了很多预料之中的麻烦。课堂上老师点名字,"中村　雄一",他理所当然的站起身来回答"我是",老师吃惊,所有人诧异,鬼笑!"你再扰乱课堂请你出去,我叫的是位男同学,你不知道自己的性别吗?"随后是哄堂大笑的声音。老师又仔细的核对了一下学生证,更是迷惑不解。学校健康检查,男生需要赤裸上身,他排在男生队伍中,却不敢脱掉衣服,晚上去便利店打工,老板经常用鄙视的语言羞辱他,指使他做粗重的活,因为他不是女孩子,不可以避重就轻,但是他的力气是真的不如真正的男孩子,总是满头大汗,还什么也做不好,被一同工作的其他的人欺侮。他换了好多种工作,都做不长,别人的歧视,鄙夷,羞辱,使他生不如死,他讨厌自己这种变态的心理,可是就是控制不了。种种现实的逼迫,使他不得不休学,专心赚钱为做手术作准备。办理好了休学手续,他来到了日本的某座城市,这里有变性人专门生活生存的地方。由于本身的漂亮加上文静可人的气质,他很快找到一份工作,夜店陪酒。他打算凑足钱,做完手术,到一个陌生的城市能继续完成学业,能过上一个正常人的生活。愿望是美好的。在这个地方工作,他接触很多和自己一样的人,第一次可以把自己的痛苦向朋友诉说,第一次得到别人的同情和理解,感受到了失去已久的温暖。这渐渐的减轻了他心理上的痛苦。

他一边工作一边关注有关变性人做手术的信息。在一步步的朝着自己新的人生目标努力迈进。经过多方打听,他知道目前泰国做这种手术效果最好,成功率最高。于是他决心前往泰国圆梦。

目前日本关于做变性手术的法律还不完善,但有一条必须是无子女满20周岁的人。当时雄一还未满20周岁,于是他用剩下的时间,疯狂的工作赚钱。终于有一天他登上了飞往泰国的飞机。为了这一天,他忍受了多少

屈辱，已经不重要了，重要的是他的人生将要改写。

医生给他做了各项检查，证明她的身体适合手术。这对于雄一来说是天大的好消息。躺在手术台上的那一刻，他很平静，想起过往，一幕幕都浮现在眼前，想到了几年未见的父母，泪水静静的流下……手术成功了，他终于变成真正的她了！再次面对镜子中的自己，百感交集。两个星期后，她拿起电话，第一次拨通了那个刻在心底的号码，控制不住的哽咽："妈妈，是我。"那一边，母亲听到了失去联系很久的孩子的声音，自然是激动不已，毕竟血脉相连，哪有永远的恨，其实父母亲一直都很后悔当初冲动不顾一切把孩子逼出家门，但是多方寻找终无果。现在知道孩子还平安比什么都重要，是儿子是女儿也无需计较了，怎么说都是他们的亲生骨肉。这一边的雄一知道父母早已原谅理解她更是意外的惊喜。

故事就讲到这里了，现在雄一是日本某名牌大学的在校生，继续完成她的学业，已经换成了女孩子的名字，在她的户籍上清清楚楚填写着"中村有里，性别，女"。有了正当的性别身份。

目前，人们对变性人的看法不一，有的人好奇探究，视为异类；有的人事不关已高高挂起；有的人谩骂羞辱，视为污孽......我之前对这一类人群并不了解，其实现在也不懂，但是要我完全接受还是有些困难，相信除我之外，也有其他很多人接受不了。但起码可以做到不歧视、不排斥他们，懂得尊重他们，他们和任何一个普通人都一样，有自己的尊严，应该得到社会的尊重。每个人都有自己的生活方式，理解就予以同情，不理解可以"事不关已，高高挂起"，至于指责，羞辱就不必要了。

之所以把这么纠结敏感的话题放在这里，是想让人们宽容看待事物的同时寻找和坚持自我。

生活中我们往往在别人眼中寻找自己，通过别人的标准和目光限定自己，在褒中扬，贬中抑。其实，我就是我，古今中外，用极强烈有效的乐观主义战胜各种艰难险阻取得胜利的大有人在。牛顿发现地心引力学说时，全世界人都反对他；达尔文宣布进化论时，全世界人都反对他；贝尔第一次造电话时，全世界人都讥笑他；这些人都因抱着乐观主义的态度，而为世人

所称道。他们活出自我,用乐观绽放光彩。

做真实的自己,才能够做好自己。

在职业生涯中,有这样一种现象:要实现自我价值,然而结果却一事无成,自己不满意,周围的人也不满意。究其原因,是在自我价值及其实现价值能力的认识上,定位不准。有一位大学生,毕业后又进技校学了技术,当了工人。当初同学们不理解,家人更不理解。父母说他,读了大学当工人,大学岂不白读了。而这位大学生认为,只要能发挥自己真实的才能,实现真实的价值,做到不图虚名,务实发展,当工人有何不好。追求真实的自我价值的他,经过几年努力,成了某企业的高级蓝领、技术骨干。这位大学生技术工人,为企业创造了财富,为家庭带来了幸福;父母也有了新的看法:儿子是好样的,不能用老眼光看现代人。他的同学不仅羡慕,还开始重新设计自己的职业生涯。

一个人的一切成功,一切造就,都完全取决于自己。所以,我们应该掌握前进的方向,把握住目标,让目标似灯塔在高远处闪光。自己独立思考,独抒己见,拥有自己的主见,懂得自己去解决问题。一个人若失去自我,失去自己,那是最大的不幸,也就掉进了人生最大的陷阱。条条大路通罗马,无论哪一条,都要自己去选择,相信自己,永远比让别人来证明自己重要得多。一个人无疑要在骚动的、多变的世界面前亮出自己,勇敢地去拼搏,并果断地、毫不顾忌地向世人宣告并展示自己的能力、风采、气度和才智。只有自主的人,才能傲立于世,才能力拨群雄,开拓自己的天地。勇于驾驭自己的命运,学会控制自己,规范自己的情感,善于分配好自己的精力,自主地对待求学、就业、择友这些人生功课。

变性人,最受争议的群体。选择变性的普通人或是名模明星,他们从自卑、自我挣扎、被排斥、被恶性关注,到不再避讳他人眼光和口舌,渐渐地自信的走在阳光下。繁琐的医疗过程,永无止境的窥探和议论,他们从回避到迎面,正是来自一种对生命自我掌控的力量。

在不损害他人利益也不侵害他人权益的情况下,遵从自我,掌控自我,坚持自我。生命,是一段旅程,我们可以决定看什么样的风景愉悦自己。做

自己，做喜欢的自己。

逐梦箴言

成功者需要的是自主，他们总是自己担负生命的责任，而决不会让别人虚妄地驾驭自己。一个人的一切成功，一切造就，都完全取决于自己。在生活道路上，必须善于作出抉择，不要总是让别人推着走，不要总是听凭他人摆布，而要勇于驾驭自己的命运，调控自己的情感，做自我的主宰，做自己命运的主人。掌握前进的方向，把握住目标，勇敢地去拼搏。

知识链接

易性病

通常想变性（易性）的人群往往患有易性病。易性病（transexuals）是性身份严重颠倒性疾病，患者通常在 3 岁时萌发，青春期心理逆变，持续地感受到自身生物学性别与心理性别之间的矛盾或不协调，深信自己是另一性别的人，强烈地要求改变自身的性解剖结构，为此要求作易性手术以达到信念，在易性要求得不到满足时，常因内心冲突而极度痛苦，甚至导致自残、自戕。

易性病通常被称为易性癖。何清濂教授认为临床上应称为易性病，因为只有这样，才能准确地表达该疾病的特征。易性病不是主观所为，而应该是生物学因素所致；癖则是指后天养成的一种习惯。世俗的偏见，使患者遭受讥笑和唾弃，不被社会理解和接受。长期以来，人们一直认为易性癖是一种堕落的恶习，是反自然的亵渎行为，有的患者还被视作“流氓”，甚至受到行政、司法的惩处，这显然是不公平、不合理的。

智慧心语

一个没有原则和没有意志的人就像一艘没有舵和罗盘的船一般，他会随着风的变化而随时改变自己的方向。

——斯迈尔斯

只要有一种无穷的自信充满了心灵，再凭着坚强的意志和独立不羁的才智，总有一天会成功的。

——莫泊桑

轻率和疏忽所造成的祸患不相上下。有许多青年人之所以失败，就是败在做事轻率这一点上。

——比尔·盖茨

胜利者往往是从坚持最后五分钟的时间中得来成功。

——牛顿

要克服生活的焦虑和沮丧，得先学会做自己的主人。

每天告诉自己一次，"我真的很不错"。

第九章

用你的姿势爬起来

刘雯

导读

学步孩童在路上会跌倒，追求成功的路上一样也会有挫折和打击。不要在跌倒中抱怨，不要在挫折中放弃，不要惧怕失败。保持乐观的心态，修缮自我，把失败当成垫脚石。跌倒了，爬起来！只要每一次跌倒后爬起来，就会站的更稳，走得更好。

■ 拳击精神

拉瑟上中学时，想参加学校的篮球队，父亲则建议他报拳击队，并对他说："我从来没想让你成为一名职业拳击手，我只是想让你学到拳击精神。"

一年后，拉瑟对父亲说道："在拳击台上，你无处可躲避，无人可依赖，无人可责备，一切都只能依靠你自己，这就是拳击精神吧？"父亲答道："还不完全。"

第二年，拉瑟对父亲说道："在拳击台上，只有一只手被最终举起来，那是胜利者的手。只有胜利者才能赢得荣誉和尊重，这就是拳击精神吧？"父亲答道："还不完全。"

第三年，拉瑟对父亲说道："在拳击台上，总是免不了被对手击倒在地，这并不可怕，重要的是要敢于爬起来。跌倒了，爬起来，这就是拳击精神吧？"父亲笑道："你学到了。"

丹·拉瑟最终没有成为一名拳击手，而是历经坎坷，成了一名享誉世界的金牌主持人。他回顾自己一生经历时说："我得感谢拳击台，那真是一个奇妙的地方。你被击倒，然后你顽强地站了起来，耳边响起了支持你的欢呼声，这种体验绝对是独一无二的。在我遭遇低谷、挫折的时候，我脑子里的角落总会有一个声音喊道：'爬起来！'于是我就这样一路走了过来。"

爱默生说："伟大的人物最明显的标志，就是他拥有常人没有的坚强品质。不管外部环境坏到何种程度，他的希望仍然不会有丝毫的改变，而最终克服障碍，以达到所企望的目的。"成功的关键就在倒下又多站起来的那

一次。

当初没有演出的刘雯窝在房间只能握着遥控器无聊的转换频道时，同住的模特却因为一场又一场服装秀忙个不休。是远方的父母给了刘雯鼓励。他们的安慰与鼓励正如拉瑟父亲让拉瑟懂得的道理，成功的关键就在倒下又多站起来的那一次。

刘雯，湖南永州人，著名模特，2011 年权威榜单世界 50 强模特排名第 6 位，位居中国模特首位。著名男性网站 ASKMEN 评选出了 2011 年度全球最美的 99 人，中国超模刘雯则是这份榜单中唯一的亚洲面孔。

一个曾在全国模特大赛名落孙山的选手，却成了当今《VOGUE》、《ELLE》、《时尚》、《嘉人》、《虹》、《瑞丽》《i-D》等几乎所有国内外一线时尚刊物的封面女郎，这个单眼皮的"灰姑娘"仿佛一阵风，忽然席卷了时尚圈，

2005 年的那个夏天，刘雯的命运由此改变。那个夏天，学导游出身的刘雯看见了新丝路模特大赛湖南赛区永州分赛区的比赛简章。吸引她的不是模特的魅力，而是第一名的奖品。为了想要一台笔记本电脑，刘雯就这样报名参赛了。一个如此简单实际的念头让中国导游界从此就这样失去了一个有可能是个子最高的女导游，而中国模特界却由此多了一颗新星。之前一点没有 T 台从业经验的刘雯，很顺利地得到了"笔记本"，并且也很顺利地成了那年新丝路模特大赛湖南赛区的冠军。在 2005 年那个"选秀"成为大江南北最流行词语的年份里，带着十足的信心，她前往海南三亚参加新丝路总决赛。在这场中国高级别的模特赛事中，刘雯意外的一个奖项也没获得。命运之神就这样只在湖南眷顾了刘雯一下，然后就把她全然遗忘，打回原形。如果说这次挫折唯一还有令人欣慰的地方，那就是新丝路模特机构的一纸合同。刘雯还有机会从事这份职业模特的工作。2005 年秋天，17 岁的刘雯坐了十几个小时的火车，拎着行李，来到了北京，开始闯荡自己的职业模特生涯。但挫折是一场接着一场来。她的第一场面试并不顺利，根本没有任何面试经验的她，"身穿套头毛衣、鸭绒背心、牛仔裤、球鞋。清一色一样身高的人，我起码比别人臃肿了三倍。真想找个地洞钻下去。"接连的上海时装周、哈尔滨服装节、广东虎门服装节，市场苛

刻的眼光对一个还不太职业的模特来说，都是一次又一次无奈的落选。那个时候的刘雯看着和自己同屋的模特因为每天接了一场又一场的秀而忙碌地早出晚归，自己却只能抱着遥控器看电视。每当这时候，她总是会很想家，拿起电话的时候便已经泣不成声。好在远在家乡的父母总在这个时候鼓励她、告诉她，既然已经走到了这一步，就要尽自己所能，努力再努力。“17 岁那年，我来到北京工作，带着对这个行业的憧憬，希望能有一定成就，得到更大的发展，可是我高估了自己。”正如刘雯所说，各个国内外知名品牌以及时尚杂志要的全是有经验的专业模特，一个新人，又不是一个传统意义上的美女，最初的工作，只是偶尔的演出。奔波和刻苦了一年，刘雯赚到了零用钱，也赚到了人生经验。年少气盛，年轻人当然认为自己条件优厚，一定可以抵御困苦，谁会预计一山还比一山高；但从另一个角度看，年轻时跌倒了，往后会更勇敢。一次的失意，不代表前途就此终结，转一个圈，会有意想不到的局面。

命运之神似乎又想起了这个一年前特别简单、特别清纯的湖南女孩。

《嘉人 Marieclaire》艺术顾问 JosephCarle 是一个在法国时尚圈里的知名人物。被他看上并推荐的模特，同样也是法国各大时尚品牌争相追捧的模特。这个法国老人起初来中国的目的只是为了指导中国版《嘉人 Marieclaire》拍一组服装大片。按惯例每组服装大片会提前试一下服装，以便服装编辑的搭配和正常拍摄时的顺利。一般大片的试装都是由拍摄大片的大牌模特自己来进行，但有时因为档期问题，当大牌模特无法试装时，也会请其他体型相近的小模特来试装。这样的试装模特很少有人愿意担当，先不说是不是有收入，其过程也是一种“替别人穿嫁衣”的痛苦感受。但是刘雯去了。经历了一年的沉淀、历练以后，刘雯真的变成了职业模特。所以当公司的经纪人通知她时，她很爽快地答应了。2006 年的冬天，对刘雯来说是如此温暖。

灰姑娘就这样穿上了水晶鞋，童话故事在现实生活中发生了。当刘雯很职业地试完服装时，来自法国的时尚“男魔头”已经决定另一组服装大片，将由刘雯来担当模特。一个人拥有很职业的态度是可以改变命运的。在

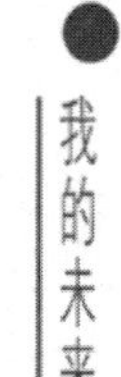

短短的半年，刘雯不仅成为时尚刊物的宠儿，市场也同时认同了刘雯。19岁的刘雯，刚刚褪去丑小鸭的羽毛，开始显露天鹅般的姿态。在别的模特需要三五年的奋斗和坚持之后才会慢慢有的成绩，她只用了短短两年。

当年担任湖南赛区评判长的新丝路模特机构艺术总监王红民至今都记得第一次见到刘雯的印象。王红民说："我们在2005年新丝路模特大赛湖南分赛区的时候，我第一次见到了刘雯。她当时给我的感觉是特别自然，特别干净，清澈得像一股泉水；不爱说话的她，直接给我的语言是用眼神来沟通的，虽然她的眼睛不大，眼睛里却充满了东西。"

我愿意把这个单眼皮女生眼睛里的东西理解为执着。

从第一次参加比赛就得了第一名到因为经验不足被打回原点，从一场演出都没有到邀约不断，刘雯的名模路在业内波折不断，命运的起伏就如小孩子的脸。而在这变来变去的境遇里，刘雯不变的是对梦想的坚持。正是因为对梦想的执着才让她没有计较替大牌模特试装的机会，而正是这种不计较替别人穿嫁衣的痛苦，才促成了刘雯被《嘉人Marieclaire》艺术顾问、法国时尚圈里的知名人物JosephCarle认可，推荐，并闪亮在国际T台。

当初那一场一场的落选，没有让刘雯倒下，离开T台，反而把她打磨的更加耀眼。她用自己的姿势，蹁跹在T型台上。

逐梦箴言

朝着梦想行进的道路不可能没有磕绊和摔倒，重要的是一次一次的跌倒没有让你动摇和放弃，那走向成功的脚步反而更加的坚定和稳健，千百次跌倒后仍爬起来继续奔跑，弥足珍贵。

知识链接

模特大赛

模特大赛的准确定义是模特机构把一些具备模特素质的“准模特”集中在一起，通过培训、观察、比较，从而选拔出优秀模特的一个过程。

模特大赛是选拔模特的一种有效手段。确实，许多优秀模特就是通过大赛被发现的，但这里需要提醒的是，如果想参加模特比赛，一定要根据自己的条件，选择符合自己定位的大赛参加。目前国内大大小小的模特赛事此起彼伏、层出不穷，其中很多是非模特专业机构举办的所谓模特大赛、选美等活动，即便你获奖，没有专业模特机构的后期市场运作，其实际意义并不大。不规范、不专业的模特比赛，不但扰乱了模特行业的健康发展，也影响了众多的不明真相抱着“天桥梦”的少男少女的学习和工作。法国一位著名模特经纪人曾说：评判一个模特，并不是她自己说了算，而是市场，是客户。专业的模特大赛都是模特机构根据客户的实际需要，为了自己选拔模特而组织的活动，是因为需要而选择新人的一个手段，是一种商业行为。模特机构选择谁，取决于对模特后期培养价值的判断。每次选模特的决定权也是在举办机构，它不是全社会的一项公益活动，它也不需要向社会征求意见。经济价值和市场利益是保证模特大赛最重要的天平。

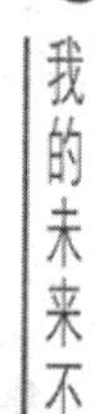

乐观面对，自我完善

要检验一个人的品质，最好的方法是看他失败以后怎样行动。失败能不能激发他新的智慧与更多的谋略呢？失败是增强了他的反击力，还是在失败中一蹶不振？而在失败后保持积极乐观的心态，完善修正自我能够让你在跌倒后起得快，行的稳。

在一次电视播放的模特大赛中，曾经有这样一次情形：

比赛进入决赛环节。当第一轮比赛之后，主持人说："这一轮，我们评一个最差模特。所谓最差，就是她的综合气质、她的着装和她的台步都是最差的。"这真是件尴尬的事情。以往大赛总是评前三，或者最上镜奖，最有人气奖，最佳皮肤奖，但从来没有一个大赛会评选最差模特奖，这对模特而言是直接否定。

1分钟后，最差模特评选了出来，当场公布，主持人说："请14号往前走一步。"

她走了出来，始终面带微笑。如果换做其他人，不知道还会不会这样淡定自若。面对这样的评价，也许有人尴尬或难过得会流下泪来。评委们开始评头论足，说她表现如何差强人意，说她着装搭配不太合理，她静静听着，点头，偶尔会说："我知道了，下次一定注意。"微笑的面容，甜美的声音，谦卑的态度。

其他的模特，有的居然笑起来，是一种幸灾乐祸的笑。少了一个对手，她们的竞争会轻松一些。而这个女孩子，坦然面对着"最差"，以微笑来接

受评委们的意见。

接着是第二轮第三轮的比赛。她没有自暴自弃,反正表现一次比一次好,得体的着装,轻盈的步态,摄人心魄的表情。到最后,你能想得到比赛结果吗?她居然夺得了模特大赛的冠军!

事后她才知道,"评选最差"是评委们的一个陷阱。他们要考察心中最好的模特心理素质如何,如果她过不了这一关,"冠军"会易手他人。

有人问她,是什么样的心态让她面对压力走到最后?她说:比赛没有结束就意味着我还会有希望,改正不足的地方,赢了,我实现了梦想;输了,我获得了经验。

很显然,在比赛中,这位模特的乐观心态、并在批评中改正完善自我的行为,帮她取得了成功。那么,怎样保持乐观的心态,又如何在否定中修缮自我呢?

有个富翁,40 多岁却整天忧心忡忡。他总是担心自己的公司被竞争对手吞并,担心子女长大成年为了巨额财产纷争不断,担心自己的忙碌冷落妻子,导致妻子不忠,担心员工办事不利,总之他每天都活在忧虑当中,闷闷不乐。

最近时常感觉腹胀,乏力,人也明显消瘦,他到医院去检查。化验结果出来了,医生拿着单子对他说:"你呀,该吃,吃,该喝,喝,想干什么就干什么吧。"

他想,这下完了,我一定是得了不治之症,医生已经告诉我及时行乐了。他开始挥霍钱财,对公司的事业也漠不关心。想着不久自己将告别人世,妻子会另嫁他人,他对妻子时常打骂。

半年后,正像他曾经担心的那样,公司面临倒闭,员工们纷纷跳槽,子女对他疏离抱怨,妻子因为忍受不了他无缘无故的打骂也和他分居了。

想着自己的凄凉境地,他再次找到那个医生。他拉住医生问道:"你就直说吧,我到底还能够活多少日子?这样的日子我实在是过够了。"医生看着眼前衣衫邋遢,形体消瘦,面色萎靡的人,惊讶的问:"你是怎么了?"他对医生说:"我知道我得的是不治之症。现在我也没有什么好留恋的了,你就告诉我个最后期限吧。"医生问他:"是谁告诉你的?"他回答:"半年前我来检查,不是你告诉我该吃,吃,该喝,喝,想干什么就干什么吗。那不就是

说我得了绝症,要我及时行乐吗?"

医生哈哈大笑起来,说:"我的意思是说除了心理压力大以外你很健康,那么说是想让你调节心态,乐观起来。"

在这样的故事里,我想说的是人要学会用乐观的心态面对挑战,在拒绝里自我完善。人生就是不断塑造和完善自我的过程。在这个过程中乐观或悲观的心态影响着我们,这两种心态可以激励我们,也可能阻滞我们前进。叔本华说:"一个悲观的人,把所有的快乐都看成不快乐,好比美酒到充满胆汁的口中也会变苦一样。生命的幸福与困厄,不在于降临的事情本身是苦是乐,而要看我们如何面对这些事。"法国作家巴尔扎克说:"世界上的事情永远不是绝对的,结果完全因人而异。苦难对于天才是一块垫脚石……它对能干的人是一笔财富,对弱者是一个万丈深渊。"罗曼·罗兰则说:"痛苦这把犁刀一方面割破了你的心,一方面掘出了生命的新的水源。"关键是你怎样看待困难,对不幸和痛苦抱什么样的态度。一个乐天达观的人,会活得轻松、潇洒;一个患得患失的人,会被无尽的烦恼困扰着,活得痛苦、艰难。聪明的人善于培养、调剂自己的心情,使自己经常处在好心情光环的照耀下,这样头脑才富有创造力,身体才经得起暴风骤雨的考验。

一位心理学家曾作过这样一个有趣的试验:他把一个空香水瓶洗得干干净净,然后注满清水带进教室。心理学家打开瓶盖对学生说:这是一瓶进口香水,看谁最先分辨出它的味道。不一会儿,学生纷纷举手,有的说是玫瑰香味,有的说是茉莉香味,有的则强调是玉兰香味……当学生被告知是清水时,不禁捧腹大笑。其实,这就是教师对学生"暗示"的结果。

暗示不以命令、劝说等形式发生作用,而是以间接、含蓄的方式产生效果。按照刺激的来源,暗示可以分为他人暗示和自我暗示。像前面提到的"香水事件"就是他人暗示。如果自己用某种观念来影响、改变自己的认知、行为和情绪,就是自我暗示。当你悲观的朋友告诉你无数个不可能时,你可能也会觉得这个世界上存在无数个不可能;而当你乐观的朋友告诉无数个可能时,你可能就会相信这个世界上存在着无数可能。

从前,有一群青蛙组织了一场攀爬比赛,比赛的终点站是一个非常高的铁塔的塔顶。

一大群青蛙围着铁塔看比赛，给它们加油。

比赛开始了

老实说，群蛙中没有谁相信这些小小的青蛙会到达塔顶，他们都在议论：

“这太难了！它们肯定到不了塔顶！”它们绝不可能成功的，太高了！

听到这些，一只接一只的青蛙开始泄气了，除了那些情绪高涨的几只还在往上爬。群蛙继续喊着：

“这太难了！”没有谁能爬上顶的！”

越来越多的青蛙累坏了，退出了比赛。只剩一只还在爬高，一点没有放弃的意思。

最后，其他所有的青蛙都退出了比赛，只有一只费了很大的劲，终于成为唯一只到达塔顶的胜利者。

很自然，其他所有的青蛙都想知道它是怎么成功的。

有一只青蛙跑上前去问那只胜利者它哪来那么大的力气跑完全程？

它发现：这只青蛙是个聋子！

从这个故事里我们可以受到启示，确定目标追求成功的路上，保持积极乐观的心态很重要。而这就要求我们屏蔽那些负面的、让人产生消极悲观心理的言语和行为，不受其干扰。在有人对你说你的梦想不可能成功时，要学会装聋作哑，凭着乐观执着，靠近梦想的塔顶，别因为别人泼来的冷水从正在攀爬的塔上滑下来。

从前，有个国王整天被忧虑困扰。他担心自己的军队吃败仗，害怕王宫的珍宝被抢劫，怀疑大臣们不忠心……总之，从登基那时起，他就没过上一天舒坦日子。

王宫外是个集市，从宫殿顶层可以看到赶集的人群。一天，国王望着集市上熙熙攘攘的老百姓，心想：他们是不是也像我这般不快活？真难想象普通人靠什么得到快乐。他让侍从找来最邋遢破旧的衣服，扮成乞丐，打算去王宫外看个究竟。

国王沿着城墙走了大半天，傍晚时他来到了郊外的一座破旧的农舍前。

农舍的主人正坐在昏暗的厨房里，吃着一小块面包。他已是暮年，但笑容却灿烂无比。国王忍不住走进去问他："你为什么这么快乐？""我是个木匠，今天赚了足够的钱，晚饭有了着落，当然开心了。""如果明天没人找你干活，你还会开心吗？"国王问。老木匠注意到面前的"乞丐"带着一脸焦虑和疲惫，便微笑着说道："快乐和不快乐都是自己决定的，跟别人没关系。"说完，他把面包切成两半，将一半分给了"乞丐"。

晚上，国王回到宫殿，对木匠的话越想越怀疑："快乐怎么能由自己决定呢？我非要考验考验他，看他能快乐多久。"于是国王连夜颁布一条法令——所有住在城里的木匠必须到王宫门口站一个月的岗。国王并不是暴君，所以他规定站岗是有酬劳的，但要等到月末才一次性付清。

第二天早上，老木匠还没出门就被侍卫长抓到宫墙外站岗，直到黄昏才放他回家。晚饭时间到了，国王急忙换上乞丐的装束，去木匠家探访，他边走边得意地想：看你还怎么快乐！

谁知到了木匠家，国王看见桌上不仅摆放着面包，竟然还有葡萄酒。老木匠热情地请昨天认识的"乞丐"共进晚餐。国王好奇地问："你今天的晚餐怎么如此丰盛？"木匠笑着说："我奉命去给国王站岗，要到月末才能拿到酬劳，所以我刚才去当铺，把侍卫长发给我的佩剑当掉了。你瞧，咱们现在不仅有面包，还有酒喝，多高兴啊！""这可是要杀头的啊！"国王故意惊叫道。"没关系，一发工钱我就把剑赎回来，过会儿我用木头做把假的放在剑鞘里，保证没人能看出来。"木匠胸有成竹地说。

第三天早上，国王乔装来到王宫大门口，果然看见木匠的"佩剑"插在剑鞘里，看上去跟真的一模一样。正在这时，对面一阵骚动，有个乞丐偷了小贩的甜瓜，正好被侍卫长抓住，集市上的人都跟过来看热闹。侍卫长严厉地说："偷盗的惩罚是砍手。你，"他冲正在站岗的木匠招了招手，"用你的佩剑把小偷的右手砍掉。"

乞丐苦苦哀求道："我饿得没办法才这么做的，饶了我吧。"木匠的处境可真糟糕，首先他很同情乞丐，另外他的"佩剑"一旦拔出来就会露馅儿，连国王都替他捏一把汗。

就在这时，木匠仰头对天空大声说："神啊，如果这个人罪不可赦，请赐予我执行命令的力量；如果这个人值得宽恕，请把我的铁剑变成木头的！"

说完他猛地抽出了剑。围观的人群发出阵阵惊呼："变成木头的了！神仙显灵了！"凶残的侍卫长不得不把乞丐释放了。

国王走到木匠身边问："你认得我吗？"木匠看了他一眼，回答："你是昨天跟我一起吃晚饭的那个朋友。"国王高兴地说："从今以后请每天都与我共进晚餐。"

从此，木匠成了国王最器重的大臣之一。

我们将这个故事细截开来看：

第一，环境与心态：身在金碧辉煌的宫殿与破旧的农舍，不决定快乐的多少。

有一则故事：每天上午 11 时许，一辆耀眼的汽车穿过纽约市的中心公园。车里除了司机，还有一位主人——无人不晓的百万富翁。

百万富翁注意到：每天上午都有位衣着破烂的人坐在公园的凳子上死死地盯着他住的旅馆。一天，百万富翁对此发生了极大的兴趣，他要求司机停下车并径直走到那人的面前说："请原谅，我真不明白你为什么每天上午都盯着我住的旅馆看。""先生，"这人答道，"我没钱，没家，没住宅，我只得睡在这长凳上。不过，每天晚上我都梦到住进了那所旅馆。"百万富翁灵机一动，洋洋自得地说："今晚你一定如梦以偿。我将为你在旅馆租一间最好的房间，并付一个月房费。"几天后，百万富翁路过这人的房间，想打听一下他是否对此感到满意。然而，他出人意料地发现这人已搬出了旅馆，重新回到了公园的凳子上。当百万富翁问这人为什么要这样做时，他答道："一旦我睡在凳子上，我就梦见我睡在那所豪华的旅馆，真是妙不可言；一旦我睡在旅馆里，我就梦见我又回到了冷冰冰的凳子上，这梦真是可怕极了，以致完全影响了我的睡眠！"

在很多的时候，我们处在什么样的天南地北中真的不是很重要，最重要的是：要保持良好的心态。

乐观的人的注意力总是被美好的事物吸引，体味到的自然也都是让人愉悦的东西。而悲观的人，总是斤斤计较那些不如意的瑕疵，让身心都陷

入纠结怨烦。拥有一切的国王在寻找快乐,而晚餐只有一个面包的木匠却能乐乐呵呵。

不必抱怨你所处的环境,它既不妨碍你发挥才能,也限制不了你获取快乐。一切只在心态。

第二,别为失去的忧闷,要为得到的快乐。

国王的侍卫强行抓了木匠站岗,国王以为失去了自由的木匠会痛苦郁闷。他迫不及待的来到木匠家,却发现奉命站岗的木匠提前预支了他的报酬,当掉了执勤用的佩剑。这下子,晚餐不只有面包,还有酒,这让他很快乐。为了避免被发现,他还利用特长,做了把木头剑放入剑鞘。

安徒生有一则名为《老头子总是不会错》的童话。童话讲述的是这样一个故事:乡村有一对清贫的老夫妇,有一天他们想把家中唯一值点钱的一匹马拉到市场去换点更有用的东西。老头牵着马去赶集了,他先与人换得一头母牛,又用母牛换了一只羊,再用羊换来一只肥鹅,又把鹅换了母鸡,最后用母鸡换了别人的一大袋烂苹果。在每次交换中,他都想给老伴一个惊喜。当他扛着大袋子来到一家小酒店歇息时,遇上两个英国人。闲聊中他谈了自己赶集的经过,两个英国人听得哈哈大笑,说他回去准挨老婆子一顿揍。老头子坚称绝对不会,英国人就用一袋金币打赌,三人于是一起回到老头子家中。老太婆见老头子回来,非常高兴。她听着老头子讲赶集的经过。每听老头子讲到用一种东西换了另一种东西时,她都充满了对老头子的钦佩。

她嘴里不时地说着:“哦,我们有牛奶了!”

“羊奶也同样好喝。”

“哦,鹅毛多漂亮!”

“哦,我们有鸡蛋吃了!”

最后听到老头子背回一袋已经开始腐烂的苹果时,她同样不急不恼,大声说:“我们今晚就可以吃到苹果馅饼了!”

结果,英国人输掉了一袋金币。

从这个故事中我们可以领悟到:不要为失去的一匹马而惋惜或埋怨生

活，乐观一点，既然有一袋烂苹果，就做一些苹果馅饼好了，这样生活才能妙趣横生、和美幸福，而且，你才可能获得意外的收获。

因为被抓去站岗，木匠有了佩剑。木匠的餐桌因为当掉的佩剑，有了酒。

第三，见招拆招，总会有解决的办法。

每一个问题之中都藏着解决的方法，只要你真正拿出行动，用积极乐观的心态去面对，事情就终有解决的时候。

当凶残的侍卫长要求木匠要用佩剑惩罚偷了甜瓜的乞丐，砍掉乞丐的手时，木匠是同情那个将要为了一个瓜失去手臂的乞丐的，而且他只要抽出宝剑也就露了馅儿，那是一把木头的假剑！他居然仰头对天空大声说："神啊，如果这个人罪不可赦，请赐予我执行命令的力量；如果这个人值得宽恕，请把我的铁剑变成木头的！"

说完他猛地抽出了剑，围观的人群发出阵阵惊呼："变成木头的了！神仙显灵了！"凶残的侍卫长不得不把乞丐释放了。

当事情出了差错时，悲观者倾向于责备自己。"我不善于干这个，"他说，"我总是失败。"而乐观者则去找出错的漏洞。若是事情很顺利，乐观者就归功于自己，而悲观者却把成功视为侥幸。

在《国王与木匠》的故事里，可以发现，在快乐的获得中，地位的悬殊没有起决定作用，反而是心态让两人有着不同的感知。乐观的人，在事情的处理上，智慧与权势可以抗衡。"乐观的人在困难面前，看到的是希望；而悲观的人在希望面前，看到的只是困难。"我们不能在困难面前低头，更不能让悲观笼罩我们的思想！在困难和挫折来临的时候，要用乐观的态度迎面而上，胜利永远属于敢于拼搏的一方。所以，做人切勿患得患失，而应乐观旷达。

那么，是不是任何情况都只是一味盲目的乐观，而不去寻求突破解决问题，只求得心灵愉悦呢？

说到乐观与悲观，有个经典的例子是：

说有一个哭婆，她有两个女儿，大女儿嫁给了一个卖伞的，小女儿嫁给了一个染布的。为什么叫哭婆呢？因为每在下雨天，她就会想到小女儿家染好的布一定无法晾晒了，悲伤之情便油然而生，于是，黯然神伤，眼泪也

随之流下。按说到了晴天她该高兴了吧，没有，这时她就不想小女儿了，而转去想大女儿了，这时她想：这大晴天的，大女儿家的雨伞卖给谁去呀？便又悲伤地哭了起来，所以，无论雨天还是晴天她都哭，哭婆便由此得名。

若按乐观与悲观把人分类，这老太太肯定属于悲观的人。

有一个人听说了哭婆的事情后就去跟她说：您不应该这么过日子，这样岂不是很痛苦吗？您应该在雨天去想大女儿家的雨伞一定好卖，这样您就会很高兴，而在晴天您再想小女儿家染的布一定好晾晒，这样您也会很高兴。老太太一点都不固执，也很听劝，此后果然无论晴天还是雨天就都很高兴了。

这个给老太太建议的人，自然就应该算是一个非常乐观的人。

但简单的区分悲观与乐观的心态是不够的。良好的心态有时确实能够帮助人们最快找到解决事情的最好方法或途径，却不能改变事物本身性质。乐观，不是想尽办法把不爽的事情理解到爽为止。如果有人丢了钱，想千百个理由宽慰自己的心情也改变不了丢钱的事实。同样，一个真正热爱生命关爱自己的人，也不可能讳疾忌医，逢人便絮叨自己身上觉得很健康的器官，而不去关注自己身上的不适或疾病。

古人云：知耻而后勇。不去正视缺点和不足，并不一定就代表乐观。真正积极乐观的人应该非常愿意正视自己的不足，不断完善自己，在不断纠正错误中进步。

学习写作的孩子可能都知道一项技能——修改。辅导老师通常都会告诉孩子们修改对于文章的重要性，所谓“文章不厌百遍改”，越改越能够表述完整清晰，在反复的修改中达到表情达意，使文章更精美。

许多艺术品的创作都离不开修改，越是繁琐求精湛的物件，越离不开修改。完美在改中得。

一个人，从牙牙学语到顶天立地，不可能没有犯过错误，也不可能没有被否定过。改，是弥补和超越，改是为了更好。

在追求理想、走向成功的路上，实现目标的道路绝不是坦途，它总是呈现出一条波浪线，有起也有落。不要害怕否定和拒绝，不要消极对待否定，要积极面对。听到“不”字不要退缩，要在被拒绝被否定时常问自己“我能

不能做的更好一点呢？”

试想，刘雯如果只有一颗盲目乐观的心，不去调整自己的不足；最差评选中，那位参赛模特面对评委们的责难如果没有顶住压力，只知差而不改，或在否定中自暴自弃，那结局又会如何？

再想：被误诊的富翁，如果能够用积极乐观的心态对待疾病与人生，又会是怎样的情形？

想想，那只耳聋的青蛙，只是心无旁骛，不受干扰，全心投入，才到达了塔顶。

想来，木匠的可贵之处是不只有乐观的心态，还有用积极的行为解决问题的智慧。

逐梦箴言

拥有一颗乐观的心，愿意相信，努力改变，会让跌倒的人快速爬起并行的更稳更远。

知识链接

模特大赛评选内容

1.身材条件：身高、体重、三围、肩宽、体差、肩宽胯宽比。

2.舞台表现：肢体协调性、形体表现力、音乐感知、镜前表现力。

3.美丽考评：才识、智慧、学习经历，容貌、皮肤、体态、健康等。

4.职业素质：遵守纪律、团队精神、友爱感恩，以及语言表达、应对能力等。

5.职业道德，主要是指个人品德，为人正派、有责任心等；

6.职业修养，言谈举止、做事态度，以及时尚感等；

7.职业公关意识，主要是指亲合能力，与媒体、公众的沟通能力等。

秀的故事

可能对很多人来说，过去的一切是一部非常痛苦的历史。他们回忆起过去的时候，想到的都是失败。他们居然在非常有希望成功的事情上失败了，或者是他们营业失败、失去工作，或者是他们的家人朋友离他们而去，或者自己的家庭婚姻无法维系。所以，他们觉得自己前途渺茫。但是只要你永不屈服，哪怕有再多的不幸，幸福也会在远方等着你的。

或许你会这样说，已经失败这么多次了，再试也是徒劳。可是想想，暴风雨的日子，你在回家的路上，会因为滑到就卧在泥水中抱怨坏天气，不再动弹吗？

在意志坚定的人那里，根本就没有所谓的失败。人的事业又何尝不能由失败变成功呢？世界上有很多这样的人，他们失去了一切，但是不能称他们为失败者，因为他们的心态乐观，意志不可屈服，有着百折不挠的精神。不死心，是心有坚持。如果刘雯在一次又一次落选后，丧失掉对自己的信任和在模特行业成名的梦想，轻易放弃，那只灰姑娘的水晶鞋就不可能出现在她跌倒的下一个路口。

刘雯的经历以及小故事中蕴含的哲理能够改变我们的观点，而能够启迪我们的，有时就来自平常的生活中和看似平凡的那些身边人。

我有在美容院做保湿面膜的习惯，喜欢一个小时左右的时间，一整套受服务的程序，在护颜的同时，心灵也得到放松和休息。

最近换了美容院，是个只有三张美容床的小地方，设备不完备，人员也

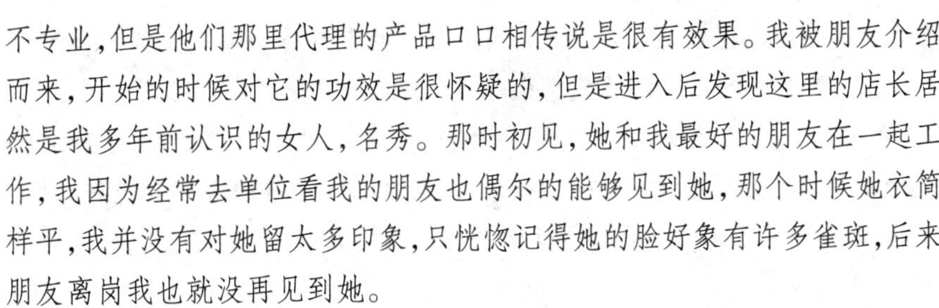

不专业，但是他们那里代理的产品口口相传说是很有效果。我被朋友介绍而来，开始的时候对它的功效是很怀疑的，但是进入后发现这里的店长居然是我多年前认识的女人，名秀。那时初见，她和我最好的朋友在一起工作，我因为经常去单位看我的朋友也偶尔的能够见到她，那个时候她衣简样平，我并没有对她留太多印象，只恍惚记得她的脸好象有许多雀斑，后来朋友离岗我也就没再见到她。

现在见到的已经不是从前那个秀了，衣着靓丽，容貌俏美，言谈自信，常常都是微笑着的，脸上的斑和皱纹都不见了。相信了她的话，对产品效果的保证，我留下来做了她的顾客。

有天下午再去，只我一人。聊起来，以前几次也是交谈的，但所说不多。我新买了手包，秀姐问我价位。我说700元。她笑，说："它的利用率有多高呢？你的包包好象经常的换哦。"我说是，我遇见喜欢的东西就会想得到，得到后好象又不是很喜欢了。秀姐说："你那是浪费。"

她开始和我说起她的生活……

"作为女人，我的生活是从去年开始有滋味的。今年我买衣服所用的钱已经超过了我这38年花在穿戴上的钱。"

"我以前的日子过的很苦。"

"结婚后我就一直在还债，直到做了美容这个行业才还清了债，是在前年。"

"从我记事起就觉得父母每天都在吵架。我大了，开始想摆脱这个环境。那个时候遇见了我丈夫。他什么都没有，可是有温顺的性格，就这一点我嫁给了他。家里因为他的清贫是反对我们的婚姻的，但是我就是想离开那个每天都有战争的家，我就嫁给他。"

"嫁了后才发现没钱的日子有多难过。"

"有阵日子我是吃不饱饭的，总是为了节省粮食而熬粥喝，做的菜总是尽量不放油的，夏天别人都买许多水果的时候，我就花钱买那些在收摊前处理的被挑选剩下的成堆出售的东西，五毛钱能够买一大堆，做菜都不舍得买姜蒜调味，老是白水加盐煮土豆茄子吃，到冬天就炸酱拌饭吃，一个鸡蛋能够做出两大碗酱来，吃个把星期。那个时候怎么就那么穷啊，甚至穷的影响我回娘家的次数，我不想家里人知道我的穷，我每次回家都要带点

东西，哪怕自己再没钱，也要攒点肉带回家去包饺子。那个时候孩子小去幼儿园，有年冬天交完托费我就剩了 4 块钱，老师告诉我要再交 12 元取暖费，我摸了摸孩子的头，说她好象不舒服，就带她回家，交给姥姥没再送去。我的工资要还结婚时候丈夫欠的债，后来他去乡下给别人打井赚钱，我们又借了新债买设备，可是那期间他被骗，又损失了，于是要还的帐又加了码。”

“爱咯吱人的老天爷可能知道我是个不倒翁，安排我又上了一次当。我有个远房亲戚，找到我们两口子，说可以让我们翻身。他介绍我们购买一个保健品的原始股，然后以塔式方式销售产品，分红利还赚产品利润。当时我被他描述的美好前景迷了心窍，居然四处筹钱，甚至抵押了房子，购买了两万块原始股，还有价值两万多块的产品。后来才了解到，所谓的发财梦不过是设给贪心人的陷阱。结果可想而知，我们背负了更多的外债。”

“亲戚朋友都安慰我，叫我往开了想。其实我原本就是个心大的人。过日子就跟打井的道理差不多，这刨一个坑，那挖一个洞，早晚能够找到水。我倒不下。”

“4 年前，我的同学做了美容行业。有次我去她那闲坐，她非要拿她新做的品牌给我做脸去斑。我是没有钱花在这个上面的。她说你不用花钱，你只要在做出效果后用你的脸帮助我做广告推销就可以了。”

“在三个月后我的脸真的变化了，斑和皱纹都减轻了，也白皙起来。”

“我上班的时候，我的这个同学经常在我的包里放几样她的化妆品，要用我的脸的变化做活广告，推销她的产品。”

“渐渐的我发现经过我的介绍有人认可并购买了她的化妆品。我想为什么我不能够大量的推销呢？于是我开始在同学那里拿货，然后骑自行车去各单位搞推销。”

“开始做的时候所有认识我的人都给我泼冷水。我的样子实在不象个做美容行业的人，说话笨拙，穿的衣服也很土气。”

“你知道吗？我是很少逛街的，兜里没钱，逛什么？看见喜欢的也只能够左转右转的摸摸。在我还完债的那年，过春节，丈夫带我去商场买衣服，说是也打扮打扮我，可那些店员全都介绍大红大绿的东西给我，把我当成了乡下来购物的女人。我在去年才开始买喜欢的衣服，也知道市面上原来有那么多能吃好吃的东西。以前有朋友或同事叫我一起去饭店吃,我是绝对不去的,怕老是吃别人的而自己没钱回请人家,而现在我是喜欢约好友常聚的;我也能够为聚会买单了。"

"除了家人反对,我还要面对许多问题。我的时间是混乱的。有时候有客户找,我骑车就得去送货。刚骑到西城那儿,东边可能就打来电话。我记得前年冬天那场大雪,汽车轱辘都把雪轧成半尺高的车轮印子,骑车有多费劲,可偏偏就有顾客要求在那天要货,做护肤保养。我不能够拒绝呀,那是上帝。一路上,我半推半骑的顶着雪去了她那儿,大冷的冬天,羽绒服都被汗湿透了。"

"有时候回家刚给孩子做饭,来电话就得走,我就随便在路上买个面包什么的吃了。我丈夫这些年一直在外面打工,家里什么也指不上他,但是他要求我不管做什么都不允许忽略孩子,在他父母需要我的时候必须到位。那年婆婆身体不好,我一天除了工作,跑美容业务,照顾孩子还要跑公婆那儿,给他们做饭洗衣……"

"做推销的是很辛苦的行业,得面对多少怀疑和拒绝?我得面对啊,有问题就解决,渐渐的上了路。我的窍门就是要有耐性和韧性。在我看见利润的同时,也发现我的同学在供应给我的产品上加了很高的差价。我直接联系了厂家,买了代理权,索性开了美容院。这个时候我已经有一定的客户群了。"

"我记得有天来了位新顾客,衣着华贵,举止傲慢。对我说,你们这里也不象个做美容的地方啊,这么的小,都说你的产品如何如何,能行吗?我说,也许您没看起我的小店,但是我自己却喜欢的不得了,从无到有,从提兜推销到今天的规模,我觉得很欣慰了。我的产品好坏,需要顾客和事实回答而不是我,这些都是我自己努力做到的且我还在努力把它做的更好!那个女人现在成了我的朋友,而且还介绍她的朋友来我这里做美容。"

"我是真的很努力的在做。今年我就要扩大店面了,要做的还有许多许多,因为我要尽最大的努力给我的孩子留下点什么。我前段时间查出患了乳腺癌,可我不怕!我知道我还能够做什么和要做什么。"

秀,在讲这些的时候一直是笑着的。执着而淡定。我觉得她是那么富足,拥有一颗乐观坚韧的心。

失败是对一个人的人格的考验，在一个人失去除了生命之外的任何东西时，剩下的勇气还有多少？自认失败、不想继续奋斗的人，他的能力就会全部消失。而只有持有乐观的心态，一往无前、永不言败的人，才能取得更大的胜利。“跌倒了再爬起来，从失败中寻求胜利。”这是伟人成功的秘诀。

在现实社会中，从来就没有真正的绝境。很多人之所以没有成功，并不是因为他们缺少智慧，而是因为他们面对事情的艰难没有做下去的勇气。

刘雯也好，秀也罢，她们成功的领域不同，获得成功的渠道也不一样。相同的却是在每一次跌倒后，用自己的姿势爬起来，继续前行。

逐梦箴言

学步孩童在路上会跌倒，追求成功的路上一样也会有挫折和打击。只要每一次跌倒后爬起来，就会站的更稳，走得更好。人生的旅途中绝对不会永远是平坦大道，也会有荆棘，坎坷，沼泽。要生存，求发展，想成功，就要学会同困难交锋，与挫折抗争。

不要在跌倒中抱怨，不要在挫折中放弃，不要惧怕失败。跌倒了，爬起来！

——美国《成功学》的创始人希尔·拿破仑说：

“自然经常是先给某些人重重的一击，让他们倒伏在地，看谁能爬起来再投入人生的战场，那些毅力强大的勇敢者，就被选择为命运的主人。”

知识链接

中国国内的模特比赛

虽然很多，但真正具有实际价值的规范赛事并不多。目前操作比较成熟的模特大赛有以下几个：

1.专业性赛事

知识链接

北京新丝路模特经纪公司主办的"新丝路模特大赛"、宾利文化发展公司主办的"中国职业模特选拔大赛"、"中国模特之星大赛"和概念久芭主办的精英模特大赛。这类模特比赛是模特机构为适合市场需要而举办，显著特点是专业性强，是模特机构根据自身需要，选拔新面孔模特的一种重要手段。

2.强势媒体赛事

最典型的是每年一届的"CCTV电视模特大赛"。这类模特比赛其最主要的特点是，操作手法并不一定很专业，但媒体传播能力强，家喻户晓。

专业的模特大赛评选模特的标准首先注重模特的自身条件，对身材、面孔、皮肤等都有严格的专业要求，同时专业的模特大赛也十分注重模特的职业素质。

智慧心语

乐观是一首激昂优美的进行曲，时刻鼓舞着你沿着事业的大路勇猛前进。

——大仲马

顽强的毅力可以征服世界上任何一座高峰！

——狄更斯

患难可以试验一个人的品格，非常的境遇方才可以显出非常的气节；风平浪静的海面，所有的船只都可以并驱竞胜。命运的铁拳击中要害的时候，只有大勇大智的人才能够处之泰然；……

——莎士比亚

卓越的人一大优点是：在不利与艰难的遭遇里百折不挠。

——贝多芬

我觉得坦途在前，人又何必因为一点小障碍而不走路呢？

——鲁迅

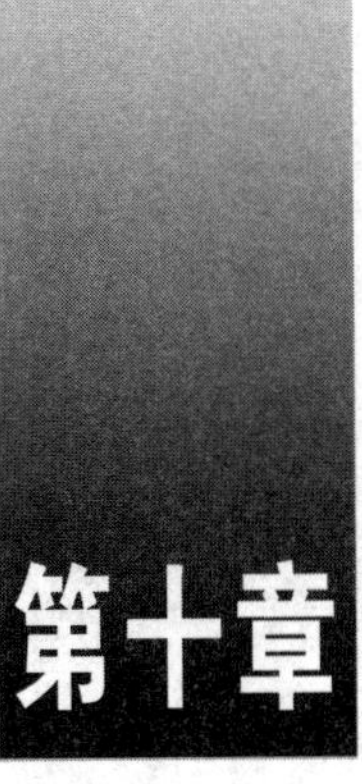

第十章

我的未来不是梦

导读

模特是明星，明星是名人，名人是成功的人，她们被成功的光环笼罩。

其实无论是巨富高官，还是有所建树的艺术家，也无论是成就斐然的科学家，甚至是推广成功经验的演说家，他们的最初，都是奔跑者。他们只是用自己的姿势，坚持，跑到了属于自己的目的地。最初的起跑，只是凭着一种信任，相信自己的未来，不是梦。

我知道我的未来不是梦

“我从来没有忘记
我对自己的承诺
对爱的执着
我知道我的未来不是梦”

这是一首张雨生的歌《我的未来不是梦》中的几句歌词。

无论你身在何处，无论你从事什么，只要你有梦想，只要你为之奋斗，就会有一个丰满的人生。人生是一条跑道，梦想是终点的那条线标。它遥不可及却又奔之可触 。无论起点时你站在哪一条跑道，只要你锁定目标，奋力拼搏，冠军非你莫属。

巴西盛产名模，名模身披光环，生活豪奢。而成为名模的人，当初多是生活在贫苦的角落。出身贫穷的模特界璀璨之星——瑟丽塔·伊班克斯，通过自身的努力在模特界闯出一片天地后又不断为自己的家乡慈善事业做贡献；曾被指认为丑陋的吕燕将美丽的下巴以优美的弧线高扬在国际T台……无论你身处何处、何种外部环境，都不能没有目标！自己想要的东西，我们称之为个人的目标，树立目标的核心题目在于：你目前是谁？你想成为谁？要用多长时间成为？有许多人会抱怨自己的出身或所处环境，甚至把梦想之不得归咎于“出身”。其实，上帝给每个人的跑道是等距离的。成功的人有一颗必赢的心，而无为的人，既看不清目标，也不相信自己，更不会努力。越是处于劣势越要积极乐观，不轻言放弃。从平凡中，追求卓

越。许多成功的人物，都没有家财万贯或傲人的学历，却以一己之力，开创出不凡的成就。人的出生是由不得你自己选择的，但是人生命的重点是由你选择的，人生不是百米赛跑，人跑的是一辈子，跑的是六十年、七十年、八十年、甚至是一百年，所以我完全不在乎现在你钱多我钱少，你有社会地位，我没有社会地位，福布斯榜上排着的那几百号人，据说，百分之六七十来自偏远农村。

有梦人生不会空荡荡，只要不甘于平庸，就会守得云开月明。

未来不是梦，是一颗硕果累累枝繁叶茂的树。奋斗与坚持将它灌溉滋养。

无论你是谁，无论你多大，有梦就去追，蜗牛也是在奔跑的。

不放弃想要的生活

"你是不是像我在太阳下低头
流着汗水默默辛苦的工作
你是不是像我就算受了冷漠
也不放弃自己想要的生活"

梦想是我们对人生的一种期望。梦想是我们期许的生活方式,而不是我们想拥有的东西。梦想是我们想成为什么样的人,而不是我们要挂在门面上的头衔。梦想是我们的心境,而不是外在华丽的标记。梦想是我们个人发展出来的格局、视野,而不是护照里琳琅满目的戳记。实践就是成就梦想最重要的行动力。可是往往通过一段时间的工作,梦想就会被现实所击垮。当我们的年纪越来越大,梦想的格局与空间慢慢地被压缩了;我们的志气,不断被环境中的负面想法所打击。父母、师长、甚至同学时常好言相劝,说我们不可能、不应该、也不需要成为这一行或那一行的专家、领袖或工作者。慢慢的,我们逐渐相信别人泄气的建议。然后,我们的视野日渐缩小,相对的,我们的成就空间也日益趋减。

在一次讨论会上,一位著名的演说家没讲一句开场白,手里却高举着一张 20 美元的钞票。面对会议室里的 200 个人,他问:"谁要这 20 美元?"一只只手举了起来。他接着说:"我打算把这 20 美元送给你们中的一位,但在这之前,请准许我做一件事。"他说着将钞票揉成一团,然后问:"谁还要?"仍有人举起手来。他又说:"那么,如果我这样做又会怎么样呢?"他

把钞票扔到地上，又踏上一只脚，并且用脚碾它。然后他拾起钞票，钞票已变得又脏又皱。“现在谁还要？”仍是有人举起手来。朋友们，你们已经上了一堂很有意义的课。不管我如何对待那张钞票，你们仍是想要它，由于它并没贬值，它依旧值20美元。人生路上，我们和我们的梦想会无数次被自己的决定或遇到的逆境击倒、欺凌甚至碾得粉身碎骨。我们觉得自己好像力不从心，梦想也一文不值。但不管发生什么，或将要发生什么，在上帝的眼中，你们永远不会丧失价值。在他看来，肮脏或洁净，衣着齐整或不齐整，你们依然是无价之宝。而每个人的梦想都至高无上。困难、挫折、打击都不能阻止我们迈向成功。

模特，璀璨若钻，光芒耀目，她们走在时尚前沿，对普通人来说新鲜又神秘。许多人都羡慕她们，穿着漂亮的衣服，成为人们关注的焦点，最重要的是她们捞金容易。

世界是矛盾的结合体。任何一件事情都有正面和反面。当你换一种角度去看时，正面会变成反面，反面会变成正面。

我知道有这样一个故事，讲故事的是一位老人：

我年轻时自以为了不起，那时我打算写本书，为了在书中加进点“地方色彩”，就利用假期出去寻找。我要在那些穷困潦倒、懒懒散散的混日子的人们中找一个主人公，我相信在哪儿可以找到这种人。

一点不差，有一天我找到了这个地方，那儿是一个荒凉破落的庄园。最令人激动的是，我想象中的那种懒散混日子的味儿也找到了。一个满脸胡须的老人，穿着一件褐色的工作服，坐在一把椅子上为一块马铃薯地锄草，在他的身后是一座没有上漆的小木棚。

我转身回家，恨不得立刻就坐在打字机前。而当我绕过木棚在泥泞的路上拐弯时，又从另一个角度朝老人望了一眼，这时我下意识的忽然停止了脚步。原来，从这一边看过去，我发现老人椅子边靠着一副残疾人的拐杖，有一条裤子腿空荡荡地直垂到地面上……顿时，那位刚才我还认为是好吃懒做的混日子的人物，一下子成了一个百折不饶的英雄形象。

从那以后，我再也不敢对一个只见过一面或聊上几句的人轻易下判断和做结论了。感谢上帝让我回头又看了一眼。

多看一眼的前提就是换一个角度,否则,再怎么看你也不会有新发现。

多角度多层次的看待事物,会得到不同的结论。褒贬转换,否定可能变肯定,肯定也可能变否定。看模特也同样,不应该只艳羡她们的表面风光。她们也有自己的尴尬和艰辛,天上没有馅饼可掉。这世间永远是荆棘与鲜花同在,沟壑与坦途共存。

被选中演出的模特,都是基于她们能够展现出的魅力,比如性感、高雅或者其他的迷人特质。虽然大多数模特拥有非同寻常的美丽,但是化妆师和造型师的技艺让一切更加完美。这也意味着,模特要在造型中百变百应。头发要被揪扯梳理,散开扎起,洗来洗去;脸就像块画布,任由化妆师涂来抹去进行创作。混乱的后台就是她们的更衣室、休息间兼餐厅。很多模特练就了就地而眠、端盘就餐的本事。

她们的日程十分忙乱,只有在做发型、化妆,或者等待出场的间隙才能够得到片刻休息。被分配角色,定妆,确定场次……在演出与演出间狂奔。也有人常常会在醒来瞬间,头脑短暂空白不知自己正身在何处。

网络上有这样的一段文字,来自一个模特——

"在外人眼里模特是一个赚钱容易的职业,台上走两步就可以领银子了。对于这样的观点我不阐述任何的评论,包括我身边的同学也经常会这样问我类似的话,我以沉默结束我们的对话。模特从面试到演出每一个环节都不是简单容易的:

1.面试

面试现在是一个必不可少的环节。以前很简单每个模特走一遍,面上的再走一遍,没面上的就可以回家了。

现在厂家经常会在约好时间的一个小时后到达(这是比较仁慈点的)。好象我们的时间不是时间。

面试的环节跟以前大致相同,但是不一定再走一遍的人就是面上的,因为厂家也许还要去下家、下家、再下家的经济公司。也许最后结果是某家公司以低价接了这个活动。所以最后的结果是我们白等了那么长时间

还没面上，还不是因为我们自己的实力问题。算了，这种厂家真的是仁慈的了。有些我们要自己去他们的公司面试。更可笑的是，只要十几人或者更少，但他们恨不能把全北京的模特全都叫来面试。

现在有时候的面试也会像模特比赛一样。初试，复试。我们大家都说要不要来个决赛啊？！

2.试装

一般试装真正开始是在约好时间的2个小时后或者更遥远，但是真正开始试装还是很快的，至于遇上不专业，或者没有做好事先准备工作的设计师，时间就不好说了（不排除熬夜试装）。

3.排练

现在很少遇上试装排练是在一天完成的。比以前好的是不用在单独抽出一天时间排练，一般会在演出的当天排练，但是碰上不好的编导我们可能就没有那么轻松了，因为他们自己的准备工作不够充分，我们相对的也要早来，靠时间。

4.演出

到真正演出的时候，有时候要忍受让你头痛的发饰，或者承受厚重的衣服，展示衣服美的同时还要想着不要被鞋子或者衣服或者种种情况影响摔倒。也有的时候像演设计大赛这样的衣服，设计师的经验不是很多，衣服很可能存在着任何的问题。有次我在展示的时候突然背后有剧烈的疼痛好象被刀划来划去的感觉，我也没办法在台上喊出来，真的疼的快哭了，下来的时候一看后面，我背的包一根钢丝出来了把我腰上划的像烂肉一样。他们都不敢看……或者有时穿着像高跷一样的鞋子，没有足够的经验你可以在T台上自然的行走吗？或者有时候你的鞋子突然坏在台上，或者卡在台上。你该怎么办才不影响这场秀？种种的情况都有可能出现在T台，你想得到的或想不到的，你都可以应付吗？

这只是一场SHOW，我们就要经历着这么多的事情，一周，一个月，一年我们要演多少场？其实算下来倒不是很累，只是我们大多都在靠时间，不是几分钟是几小时几小时的靠。这些时间假如我们不浪费的话，干什么不行？在国外模特第一，明星第二，模特的费用按小时来算。我们不要求中国的市场变的有多正规。但是遵守时间是每个人都应遵守的礼貌。因为客户会来晚，往往模特也因为如此晚到个半个小时一个小时，客户也因为如此晚来。这样没完没了的。估计下次就改上午约的时间，模特中午才来，客户下午才到，恶性循环下去吧……

5.拍片

最挑战人的是冬天拍夏天的，夏天拍冬天的衣服。

有次拍摄在秦皇岛，想着可以像度假一样的度过，后来我们穿着比基尼淋雨还要拍出被阳光照耀很舒服的感觉，被海风差点吹跑但要像度假享受的感觉。拍摄完后我们所有的衣服都是湿的冰凉冰凉的。

前段时间在沙漠拍摄朋友给我发信息，我只能回个电话给他，手已经冻的无知觉，还有能把我们刮跑的大风。晚上睡觉穿着自己的衣服加两床被子再盖着自己的外套都冻的不行。我们最后艰苦到拿饮料瓶罐热水暖手，第2天起床的时候腿筋冻的都疼。化妆师跟我们讲他们见过更可怕的，模特大冬天躺在冰上穿着比基尼！听着都让人受不了……模特在健康方面经常出问题，肠胃、腰、颈椎不好都是正常的。说这些不是我们在埋怨什么，我们喜欢模特工作，所以不管多累多苦都会继续做下去直到有一天做不了，毕竟模特还是青春饭。我们只是想让大家知道现在做什么都不容易，没有天上掉馅饼的工作，至于我们的收入有时候跟我们的付出完全不成正比。模特是一个不稳定的职业。忙的时候也许连觉都没的睡。闲的时候一个月也许只有一两场演出或者只有拍片。也许你看我们一周演出能赚别人几个月的工资，但是也许我们下个月的收入就大幅度下降。

有时候，看看其他模特，自己真的算是幸福的。

刚来北京的模特住地下室的有的是，没演出没钱的更在多数，可是为什么他们还是一直在做模特，比赛、比赛、再比赛呢？不是因为他们什么也不会做。文凭高的模特现在也很多。文凭高但找不到工作的也不在少数。他们只是为了自己的梦想一直坚持下去而已。某天看到美国“十大最差工作”模特儿竟和洗碗工同列。他们以什么来评价差与优呢？收入？在我看

来有点肤浅。每个人的消费水平不一样,钱只要够花就可以了。为了追求自己喜欢的事情,自己的梦想,不管做什么事情,都值得我们尊重。没有最差的工作也没有最优秀的工作。只要自己做的开心。

而且也要告诉大家天下也没有掉馅饼的事情,干什么都不容易,努力才会有回报。俗的不能再俗的话却是真正的大实话。”

梦想的路充满荆棘,奔跑的途中也有冷语嘲讽。许多人可能在一次次失败与挫折后不再打拼,放弃自己的梦想。同在“正常的生活”里,甚至一转身去耻笑那些新涌现出来的怀揣“不正常”梦想努力攀爬的人。而当他们最终实现了梦想,耻笑又变为自嘲:“谁让你当初放弃了呢?”

■ 认真的过每一分钟

“我认真的过每一分钟
我的未来不是梦
我的心跟着希望在动
跟着希望在动”

没有人能够随随便便成功。有一句歌词:生存往往比命运还残酷,只是没有人愿意认输。成功,是那些用着全力怀抱梦想不放松的人,他们全心投入,每一分钟都在为梦想奋斗。也有可能是中途转弯另辟蹊径,仍然把实现成功的过程按分钟付诸行动的人。人有两种活法,要么就是懒洋洋活着,要么就是玩命儿,比你身边的人都努力。前一种方法让人生不亏欠自己,过得舒心;后面一种方法让自己不亏欠人生。你想起自己的每一分钟来,都有很多故事,未来的每一分钟也似乎充满了各种可能性。

成功的定义是什么?每个人都有自己的理解和诠释。有的追求物质的富足,有的追求精神的丰盈。

怎样取得成功?各种各样的招纷纷扬扬,到处可见“成功者的秘诀”、“获得成功的法则”、“使人成功的好习惯”等等。

其实,成功就是自我实现。它是你确立了一个地点并到达的过程。

在这个过程中,你可以选择工具,但确定不了行程;你可以预计终点,但是测算不了其中有多少路口、几处泥泞;你可以停下歇息,但不能放弃前行。

有一点是可以肯定的,那就是当你成功时,你在那里看到的一定是鲜花还有掌声。所以，一路走来流的汗、血、泪，让成功更加的美丽。

某种程度上别人的成功真的可以给你一些点拨，那就是他们取得成功的经验。

除此以外，你想成功，只能靠自己了。

首先要有一颗渴望成功的野心。然后锁定目标，用最大的努力，做最持久的战斗得最坏结果的打算。哪怕中途转弯，你也必须认真对待每一分钟。

无论你站的起跑线有多劣势，不抱怨出身，不挑剔环境，倾力奔跑。在过程中，时刻保持理智的心智，分析处境，认清现实，愈挫愈勇，不惧怕失败。一旦跌倒或中途出现逾越不了的障碍，爬起来或拐个弯，条条大路通罗马！于娜从舞蹈拐弯至模特，马艳丽由超模拐弯做设计师，曾经的梦想让卡拉·布鲁尼磁声吟唱法国香颂。

不要被别人的光环迷住了眼。

有些人整天沉湎于幻想当中不作任何努力，终日做着春秋大梦，认为成功就像馅饼一样，有一天也会从天而降……事实上哪一个成功者没有在路上汗流浃背头破血流，甚至血肉模糊呢？恰如一首歌词所唱，没有人随随便便可以成功。

可以借鉴别人成功的经验，但不能只是留着口水艳羡别人的成功而不付出自己的努力。对所见的成功人士或耀眼明星不要盲目崇拜和效仿，首先要对自己有信心，不要一味地去模仿他们，崇拜他们就要崇拜他们背后所付出的努力和艰辛，不要只看到他们的光荣和掌声，应学习他们那种为自己梦想而努力去追寻的精神。树立积极进取、乐观向上、厚德载物、自强不息的人生态度。

太阳，光炙如火；月亮，亮洁无瑕；星星，清辉繁散；钻石，华彩炫目……光是温暖、是指引、是力量，哪怕一盏微烛，就能够将方寸照亮。无需去羡慕别人的成功，要学习别人怎样获得成功。有一位心理学家说过这样的话："你一定比你想象的还要好，但是许多人并不这样认为。"相信自己，无论遭遇多少磨难，经历多少坎坷，仍要坚信自己是最好的。每个人都有实现自己人生价值的途径，了解自己，善用自己的特质，释放自己独特的光能，将生命点亮。